普通高等教育"十三五"规划教材

电路分析

王燕锋　于宝琦　于桂君　主编

周月侠　副主编

化学工业出版社

·北京·

内容简介

本书注重电路的基本理论和基本分析方法的介绍,注重学生工程应用能力的培养,为后续课程的学习打下坚实的基础。全书共 9 章,主要内容包括:电路模型和电路元件、电阻性电路的等效变换及分析方法、电路的基本定理、正弦交流电路、三相电路、一阶动态电路和二阶动态电路、非正弦周期稳态电路、耦合电感和理想变压器、二端口网络等内容。每章都有习题,书后附有习题参考答案,便于复习和自学。

本书可作为普通高等院校电类和部分非电类专业的本科生、专科生教材,同时可供从事电气工程的技术人员参考。

图书在版编目(CIP)数据

电路分析/王燕锋,于宝琦,于桂君主编. —北京:
化学工业出版社,2021.2

普通高等教育"十三五"规划教材
ISBN 978-7-122-38069-2

Ⅰ.①电… Ⅱ.①王… ②于… ③于… Ⅲ.①电路
分析-高等学校-教材 Ⅳ.①TM133

中国版本图书馆 CIP 数据核字(2011)第 244179 号

责任编辑:王听讲
责任校对:宋 玮 装帧设计:关 飞

出版发行:化学工业出版社(北京市东城区青年湖南街 13 号 邮政编码 100011)
印 刷:三河市航远印刷有限公司
装 订:三河市宇新装订厂
787mm×1092mm 1/16 印张 11½ 字数 287 千字 2021 年 3 月北京第 1 版第 1 次印刷

购书咨询:010-64518888 售后服务:010-64518899
网 址:http://www.cip.com.cn

凡购买本书,如有缺损质量问题,本社销售中心负责调换。

定 价:36.00 元 版权所有 违者必究

前 言

电路分析基础是高等院校电气、电子信息类专业的重要的专业基础课，在人才培养中起着十分重要的作用，具有很强的实践性。本书强调理论知识的实际应用，突出基本概念的理解和掌握，简化公式推导过程，前后知识衔接紧密，表述深入浅出，通俗易懂，易于教学和自学。学生通过学习将获得电路分析的基本知识和技能，并为后续课程的学习打下坚实的基础。此外，为了便于学生复习和自学，每章都有习题，书后附有习题参考答案。

本书主要内容包括：电路模型和电路元件、电阻性电路的等效变换及分析方法、电路的基本定理、正弦交流电路、三相电路、一阶动态电路和二阶动态电路、非正弦周期稳态电路、耦合电感和理想变压器、二端口网络等内容。

本书由湖州师范学院王燕锋、辽宁科技学院于宝琦和于桂君担任主编，衡水职业技术学院周月侠担任副主编。王燕锋负责全书的统稿，并编写第 9 章；于宝琦编写第 2、3、4 章；于桂君编写第 5、6、7、8 章；周月侠编写第 1 章，湖州师范学院全立地和暨南大学何平也参加了编写工作。

本文配套的电子教案可以到化学工业出版社教学资源网站 http：//www.cipedu.com.cn 免费下载使用。

本书在编写的过程中，参考和引用了许多业内同仁的优秀成果，在此向相关的作者表示诚挚的感谢！同时，由于编者水平所限，书中难免存在不妥之处，恳请广大读者批评和指正。意见请发送邮件至 neu2009wyf@163.com 。

编者
2020 年 10 月

目 录

第 3 章 电路的基本定理 / 47

第 4 章 正弦交流电路 / 62

第1章

电路模型和电路元件

> **【内容提要】** 本章主要讨论电路模型、电路的基本物理量、电路的基本元件；阐述电流、电压的参考方向的概念；应用欧姆定律、基尔霍夫定律等电路的基本定律对直流电路进行分析。

1.1　电路和电路模型

1) 电路及其组成

简单地讲，电路是电流通过的路径。实际电路通常由各种电路实体部件（如电源、电阻器、电感线圈、电容器、变压器、仪表、二极管、三极管等）组成。每一种电路实体部件具有各自不同的电磁特性和功能，按照实际需要，把相关电路实体部件按一定方式进行组合，就构成了电路。

手电筒电路、单个照明灯电路是实际应用中较为简单的电路，而电动机电路、雷达导航设备电路、计算机电路、电视机电路是较为复杂的电路，但不管简单还是复杂，电路的基本组成部分都离不开三个基本环节：电源、负载和中间环节（导线、开关等）。

电源是将其他形式的能量转换为电能的装置，如发电机、干电池、蓄电池等。

负载是取用电能的装置，通常也称为用电器，如白炽灯、电炉、电视机、电动机等。

中间环节是传输、控制电能的装置，如连接导线、变压器、开关、保护电器等。

在简单的照明电路中，如图 1-1 所示，干电池是电源，是把非电能转化为电能的装置；灯泡是负载，其作用是将电能转换为其他形式的能量——热能和光能；导线和开关为中间环节，是连接电源和负载的部分，起传递、分配和控制电能的作用。

2) 电路的种类及功能

工程应用中的实际电路，按照功能的不同可概括为两大类：一是完成能量的传输、分配和转换的电路，这类电路的特点是大功率、大电流，如家中的照明电路，电能传递给灯，灯将电能转化为光能和热能；二是实现对电信号的传递、变换、储存和处理的电路，如图 1-2 所示是一个扩音机电路。

图 1-1　照明电路

话筒将声音的振动信号转换为电信号即相应的电压和电流，经过放大处理后，通过电路传递给扬声器，再由扬声器还原为声音。这类电路的特点是小功率、小电流。

3）电路模型

在电路理论中，为了方便实际电路的分析和计算，通常在工程实际允许的条件下，对实际电路进行模型化处理。我们将实际电路器件理想化而得到的只具有某种单一电磁性质的元件称为理想电路元件，简称电路元件。

由理想电路元件相互连接组成的电路称为电路模型。例如，图1-1所示电路，电池对外提供电压的同时，内部也有电阻消耗能量，所以电池用其电动势 E 和内阻 R_0 的串联表示。灯泡除了具有消耗电能的性质（电阻性）外，通电时还会产生磁场，具有电感性。但电感微弱，可忽略不计，于是可认为灯泡是一电阻元件，用 R 表示。图1-3是图1-1的电路模型。

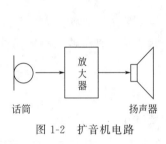

图 1-2 扩音机电路

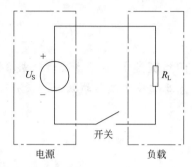

图 1-3 手电筒照明电路的电路模型

1.2　电路的基本物理量

电路的功能，无论是能量的输送和分配，还是信号的传输和处理，都要通过电压、电流和电功率来实现。因此，在电路分析中，人们所关心的物理量是电流、电压和电功率，在分析和计算电路之前，首先要建立并深刻理解这些物理量及其相互关系的基本概念。

1.2.1　电流及其参考方向

1）电流的基本概念

电路中电荷沿着导体的定向运动形成电流，其方向规定为正电荷流动的方向（或负电荷流动的反方向），其大小等于在单位时间内通过导体横截面的电量，称为电流强度（简称电流），用符号 i 或 $i(t)$ 表示，讨论一般电流时可用符号 i。

设在 $\Delta t = t_2 - t_1$ 时间内，通过导体横截面的电荷量为 $\Delta q = q_2 - q_1$，则在 Δt 时间内的电流可表示为

$$i(t) = \frac{\Delta q}{\Delta t} \tag{1-1}$$

式中，$i(t)$ 的单位为安（培），A；Δt 为很小的时间间隔，s；Δq 的单位为库（仑），C。

常用的电流单位还有毫安（mA）、微安（μA）、千安（kA）等，它们之间的换算关系为

$$1\text{kA} = 10^3\text{A} = 10^6\text{mA} = 10^9\mu\text{A}$$

如果电流的大小及方向都不随时间变化，即在单位时间内通过导体横截面的电量相等，则称之为稳恒电流或恒定电流，简称为直流。直流电流用大写字母 I 表示。

$$I = \frac{\Delta q}{\Delta t} = \frac{Q}{t} = 常数$$

如果电流的大小及方向均随时间变化,则称为变动电流。对电路分析来说,一种最为重要的变动电流是正弦交流电流,其大小及方向均随时间按正弦规律作周期性变化,将之简称为交流。交流电流的瞬时值要用小写字母 i 或 $i(t)$ 表示。

2)电流的实际方向与参考方向

电流不但有大小,而且还有方向。在简单电路中,如图 1-4 所示,可以直接判断电流的方向。即在电源内部电流由负极流向正极,而在电源外部电流则由正极流向负极,以形成一闭合回路。但在较为复杂的电路中,如图 1-5 所示的桥式电路中,电阻 R_5 的电流实际方向有时难以判定。

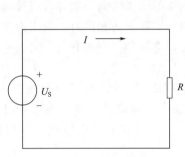

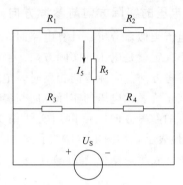

图 1-4　简单电路　　　　　　　　图 1-5　复杂电路

由此可见,在分析、计算电路时,电流的实际方向很难预先判断出来,交流电路中的电流实际方向还在不断地随时间而改变,很难也没有必要在电路图中标示其实际方向。为了分析、计算的需要,引入了电流的参考方向。

在电路分析中,任意选定一个方向作为电流的方向,这个方向就称为电流的参考方向(如图 1-5 中用箭头表示的 I_5),有时又称为电流的正方向,当然,所选定的参考方向并不一定就是电流的实际方向。当电流的参考方向与实际方向相同时,电流为正值。反之,若电流的参考方向与实际方向相反,则电流为负值。这样,电流的值就有正有负,它是一个代数量,其正负可以反映电流的实际方向与参考方向的关系。因此电流的正、负,只有在选定了参考方向以后才有意义。

电流的参考方向一般用实线箭头表示,既可以画在线上,如图 1-6(a)所示;也可以画在线外,如图 1-6(b)所示;还可以用双下标表示,如图 1-6(c)所示,其中,I_{ab} 表示电流的参考方向是由 a 点指向 b 点。

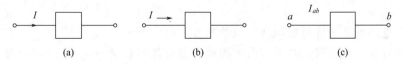

图 1-6　电流参考方向的标注方法

1.2.2　电压及其参考方向

1)电压

电压的定义:U_{ab} 在数值上等于单位电荷受电场力把电荷由 a 移动到 b 所做的功 W,与

被移动的电荷量 q 的比值，则电压定义式表示为

$$U_{ab} = \frac{W_{ab}}{q} \qquad (1\text{-}2)$$

式中，q 为由 a 点移动到 b 点的电荷量，C；W_{ab} 为电场力将 q 由 a 点移到 b 点所做的功，J；U_{ab} 为 a、b 两点间的电压，V。

电压在国际单位制中的主单位是伏特，简称伏，用符号 V 表示。1 伏等于对每 1 库的电荷做了 1 焦的功，即 $1V = 1J/C$。强电压常用千伏（kV）为单位，弱电压的单位可以用毫伏（mV）微伏（μV）。它们之间的换算关系为

$$1kV = 10^3\,V = 10^6\,mV = 10^9\,\mu V$$

2）电压的实际方向与参考方向

与电流类似，分析、计算电路时，也要预先设定电压的参考方向。同样，所设定的参考方向并不一定就是电压的实际方向。当电压的参考方向与实际方向相同时，电压为正值，当电压的参考方向与实际方向相反时，电压为负值。这样，电压的值有正有负，它也是一个代数量，其正负表示电压的实际方向与参考方向的关系。

电压的参考方向既可以用实线箭头表示，如图 1-7（a）所示；也可以用正（＋）、负（－）极性表示，如图 1-7（b）所示，正极性指向负极性的方向就是电压的参考方向；还可以用双下标表示，如图 1-7（c）所示，其中，U_{ab} 表示 a、b 两点间的电压参考方向由 a 指向 b。

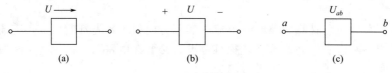

图 1-7　电压参考方向

1.2.3　电压和电流参考方向的关联性

元件或支路的 U、I 采用相同的参考方向称为关联参考方向，反之称为非关联参考方向，如图 1-8 所示。

图 1-8　关联参考方向

说明：

（1）分析电路前必须选定电压和电流的参考方向。

（2）参考方向一经选定，必须在图中相应位置标注（包括方向和符号），在计算过程中不得任意改变。

（3）参考方向不同时，其表达式相差一个负号，但实际方向不变。

【例 1-1】 电压的参考方向如图 1-9(a)、（b）所示，试指出图中电压的实际极性。

解：图（a）中，电压的参考方向由 b 指向 a，$U = 10V$，说明参考方向与实际方向一致，所以电压的实际方向为由 b 指向 a。

图 1-9　例 1-1 电路图

图（b）中，电压的参考方向由 a 指向 b，$U=-10V$，说明参考方向与实际方向相反，所以，电压的实际方向为由 b 指向 a。

1.2.4　电功率和电能

如前所述，带电粒子在电场力作用下作有规则运动，形成电流。根据电压的定义，电场力所作的功为 $W_{ab}=QU_{ab}$，单位时间内电场力所作的功称为电功率，简称为功率。它是描述传送电能速率的一个物理量，以符号 P 表示，即：

$$P=\pm\frac{QU}{t}\pm UI \tag{1-3}$$

式（1-3）中，若电流的单位为安培（A），电压的单位为伏特（V），则功率的单位为瓦特（W），简称为"瓦"。

用式（1-3）计算电路吸收的功率时，若电压、电流的参考方向关联，则等式的右边取正号；否则取负号。当 $P>0$，表明元件吸收功率；当 $P<0$，表明该元件释放功率。

当已知设备的功率为 P 时，则在 t 秒内消耗的电能为

$$W=Pt \tag{1-4}$$

电能就等于电场力所作的功，单位是焦耳（J）。工程上，直接用千瓦小时（kW·h）作单位，俗称"度"。且 $1kW·h=3.6\times10^6J$。

【例 1-2】　图 1-10 中，用方框代表某一电路元件，其电压、电流如图中所示，求图中各元件吸收的功率，并说明该元件实际上是吸收还是发出功率？

图 1-10　例 1-2 电路图

解：

在图（a）中，电压、电流是关联参考方向，且 $P=UI=10W>0$，元件吸收功率。

在图（b）中，电压、电流是关联参考方向，且 $P=UI=-10W<0$，元件发出功率。

【例 1-3】　在图 1-11 所示电路中，已知 $U_1=1V$，$U_2=-6V$，$U_3=-4V$，$U_4=5V$，$U_5=-10V$，$I_1=1A$，$I_2=-3A$，$I_3=4A$，$I_4=-1A$，$I_5=-3A$。试求：（1）各二端元件吸收的功率；（2）整个电路吸收的功率。

解：

各二端元件吸收的功率为

$P_1=U_1I_1=(1V)\times(1A)=1W$

$P_2=U_2I_2=(-6V)\times(-3A)=18W$

$P_3=-U_3I_3=-(-4V)\times(4A)=16W$

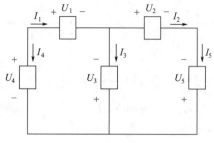

图 1-11　例 1-3 电路图

$P_4 = U_4 I_4 = (5\text{V}) \times (-1\text{A}) = -5\text{W}$（发出 5W）

$P_5 = -U_5 I_5 = -(-10\text{V}) \times (-3\text{A}) = -30\text{W}$（发出 5W）

整个电路吸收的功率为：

$$\sum_{k=1}^{5} P_k = P_1 + P_2 + P_3 + P_4 + P_5 = (1+18+16-5-30)\text{W} = 0\text{W}$$

1.3　电路元件

在我们研究的电路中一般含有电阻元件、电容元件、电感元件和电源元件，这些元件都属于二端元件，它们都只有两个端钮与其他元件相连接。其中电阻元件、电容元件、电感元件不产生能量，称为无源元件；电源元件是电路中提供能量的元件，称为有源元件。

上述二端元件两端钮间的电压与通过它的电流之间都有确定的约束关系，这种关系叫作元件的伏安特性。该特性由元件性质决定，元件不同，其伏安特性不同。这种由元件的性质给元件中通过的电流、元件两端的电压施加的约束又称为元件约束。用来表示伏安特性的数学方程式称为该元件的特性方程或约束方程。

1.3.1　电阻元件

1）电阻元件的图形、文字符号

电阻器是具有一定电阻值的元器件，在电路中用于控制电流、电压和控制放大了的信号等。电阻器通常就叫电阻，在电路图中用字母 "R" 或 "r" 表示，电路图中常用电阻器的符号如图 1-12 所示。

固定电阻　　压敏电阻　　可调电阻　　抽头固定电阻　　电位器

图 1-12　电阻的图形符号

电阻器的单位是欧姆，简称欧，通常用符号 "Ω" 表示。常用的电阻单位还有 "$k\Omega$" "$M\Omega$"，它们的换算关系如下：

$$1\text{M}\Omega = 10^3 \text{k}\Omega = 10^6 \Omega$$

电阻元件是从实际电阻器抽象出来的理想化模型，是代表电路中消耗电能这一物理现象的理想二端元件。如电灯泡、电炉、电烙铁等这类实际电阻器，当忽略其电感等作用时，可将它们抽象为仅具有消耗电能的电阻元件。

电阻元件的倒数称为电导，用字母 G 表示，即

$$G = \frac{1}{R}$$

电导的单位为西门子，简称西，通常用符号"S"表示。电导也是表征电阻元件特性的参数，它反映的是电阻元件的导电能力。

2）电阻元件的特性

电阻元件的伏安特性，可以用电流为横坐标，电压为纵坐标的直角坐标平面上的曲线来表示，称为电阻元件的伏安特性曲线。如果伏安特性曲线是一条过原点的直线，如图 1-13 （a）所示，这样的电阻元件称为线性电阻元件，线性电阻元件在电路图中用图 1-13 （b）所示的图形符号表示。

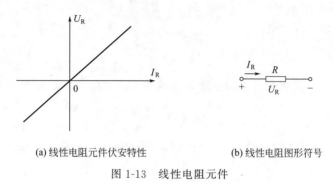

(a) 线性电阻元件伏安特性   (b) 线性电阻图形符号

图 1-13 线性电阻元件

在工程上，还有许多电阻元件，其伏安特性曲线是一条过原点的曲线，这样的电阻元件称为非线性电阻元件。如图 1-14 所示曲线是二极管的伏安特性，所以二极管是一个非线性电阻元件。

严格地说，实际电路器件的电阻都是非线性的。如常用的白炽灯，只有在一定的工作范围内，才能把白炽灯近视看成线性电阻，而超过此范围，就成了非线性电阻。

今后本书中所有的电阻元件，除非特别指明，都是指的线性电阻元件。

3）欧姆定律

欧姆定律是电路分析中的重要定律之一，它说明流过线性

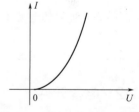

图 1-14 二极管伏安特性

电阻的电流与该电阻两端电压之间的关系，反映了电阻元件的特性。

欧姆定律指出：在电阻电路中，当电压与电流为关联参考方向，电流的大小与电阻两端的电压成正比，与电阻值成反比。即欧姆定律可用下式表示：

$$I = \frac{U}{R} \tag{1-5}$$

当选定电压与电流为非关联方向时，则欧姆定律可用下式表示：

$$I = -\frac{U}{R} \tag{1-6}$$

在国际单位制中，电阻的单位为欧姆（Ω）。当电路两端的电压为 1V，通过的电流为 1A，则该段电路的电阻为 1Ω。

欧姆定律表达了电路中电压、电流和电阻的关系，说明如下：

（1）如果电阻保持不变，当电压增加时，电流与电压成正比例地增加；当电压减小时，电流与电压成正比例地减小。

（2）如果电压保持不变，当电阻增加时，电流与电阻成反比例地减小；当电阻减小时，电流与电阻成反比例地增加。

根据欧姆定律所表示的电压、电流与电阻三者之间的相互关系，可以从两个已知的数量中求解出另一个未知量。因此欧姆定律可以有三种不同的表示形式。

（1）由电压、电阻求电流：

$$I = \pm \frac{U}{R} \qquad (1\text{-}7)$$

（2）已知电流、电阻求电压：

$$U = \pm RI \qquad (1\text{-}8)$$

（3）已知电压、电流求电阻：

$$R = \pm \frac{U}{I} \qquad (1\text{-}9)$$

无论电压、电流为关联参考方向，还是非关联参考方向，电阻元件功率为：

$$P = I_R^2 R = \frac{U_R^2}{R} \qquad (1\text{-}10)$$

上式表明，电阻元件吸收的功率恒为正值，而与电压、电流的参考方向无关。因此，电阻元件又称为耗能元件。

【例1-4】 两个标明220V、60W的白炽灯，若分别接在380V和110V电源上，则消耗的功率各是多少？（假定白炽灯电阻是线性的。）

解：根据题意，可解得两白炽灯的电阻 $R = \frac{U^2}{P} = 806.6667\Omega$

当接在380V的电源上时，消耗的功率 $P = \frac{380^2}{R}\text{W} = 179\text{W}$；

当接在110V的电源上时，消耗的功率 $P = \frac{110^2}{R}\text{W} = 15\text{W}$。

1.3.2 电容元件

1）电容元件的图形、文字符号

实际电容器是由两片金属极板中间充满电介质（如空气、云母、绝缘纸、塑料薄膜、陶瓷等）构成的。在电路中多用来滤波、隔直、交流耦合、交流旁路，以及与电感元件组成振荡回路等。电容器又名储电器，在电路图中用字母"C"表示，电路图中常用电容器的符号如图1-15所示。

固定电容　　　电解电容　　　可变电容　　　微调电容

图1-15　电容器的图形符号

电容器的单位是法拉，简称法，通常用符号"F"表示。常用的单位还有"μF""pF"，它们的换算关系如下：

$$1\mathrm{F}=10^6\,\mu\mathrm{F}=10^{12}\,\mathrm{pF}$$

电容元件是从实际电容器抽象出来的理想化模型，是代表电路中储存电能这一物理现象的理想二端元件。当忽略实际电容器的漏电电阻和引线电感时，可将它们抽象为仅具有储存电场能量的电容元件。

2）电容元件的特性

在电路分析中，电容元件的电压、电流关系是十分重要的。当电容元件两端的电压发生变化时，极板上聚集的电荷也相应地发生变化，这时电容元件所在的电路中就存在电荷的定向移动，形成了电流。当电容元件两端的电压不变时，极板上的电荷也不变化，电路中便没有电流。

当电压、电流为关联参考方向时，线性电容元件的特性方程为：

$$i = C\frac{\mathrm{d}u}{\mathrm{d}t} \tag{1-11}$$

它表明电容元件中的电流与其端钮间电压，对时间的变化率成正比。比例常数 C 称为电容，是表征电容元件特性的参数。当 u 的单位为伏特（V），i 的单位为安培（A）时，C 的单位为法拉，简称法（F）。习惯上我们常把电容元件简称为电容，所以"电容"这个名词，既表示电路元件，又表示元件的参数。

本书只讨论线性电容元件。线性电容元件在电路图中用图 1-16 所示的符号表示。

若电压、电流为非关联参考方向，则电容元件的特性方程为：

$$i = -C\frac{\mathrm{d}u}{\mathrm{d}t} \tag{1-12}$$

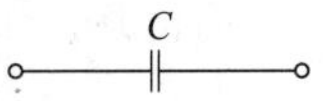

图 1-16　图形符号

从式（1-11）、式（1-12）很清楚地看到，只有当电容元件两端的电压发生变化时，才有电流通过。电压变化越快，电流越大。当电压不变（直流电压）时，电流为零。所以电容元件有隔直通交的作用。

从式（1-11）、式（1-12）还可以看到，电容元件两端的电压不能跃变，这是电容元件的一个重要性质。如果电压跃变，则要产生无穷大的电流，对实际电容器来说，这当然是不可能的。

在 u、i 关联参考方向下，线性电容元件吸收的功率为：

$$P = ui = Cu\frac{\mathrm{d}u}{\mathrm{d}t} \tag{1-13}$$

在 t 时刻，电容元件储存的电场能量为：

$$W_{\mathrm{C}}(t) = \frac{1}{2}Cu^2(t) \tag{1-14}$$

式（1-14）表明，电容元件在某时刻储存的电场能量，只与该时刻电容元件的端电压有关。当电压增加时，电容元件从电源吸收能量，储存在电场中的能量增加，这个过程称为电容的充电过程。当电压减小时，电容元件向外释放电场能量，这个过程称为电容的放电过程。电容在充放电过程中并不消耗能量。因此，电容元件是一种储能元件。

在选用电容器时，除了选择合适的电容量外，还需注意实际工作电压与电容器的额定电压是否相等。如果实际工作电压过高，介质就会被击穿，电容器就会损坏。

1.3.3　电感元件

1）电感元件的图形、文字符号

实际电感线圈就是用漆包线、纱包线或裸导线，一圈靠一圈地绕在绝缘管上或铁芯上，而又彼此绝缘的一种元件。在电路中多用来对交流信号进行隔离、滤波或组成谐振电路等。电感线圈简称线圈，在电路图中用字母"L"表示，电路图中常用线圈的符号如图 1-17 所示。

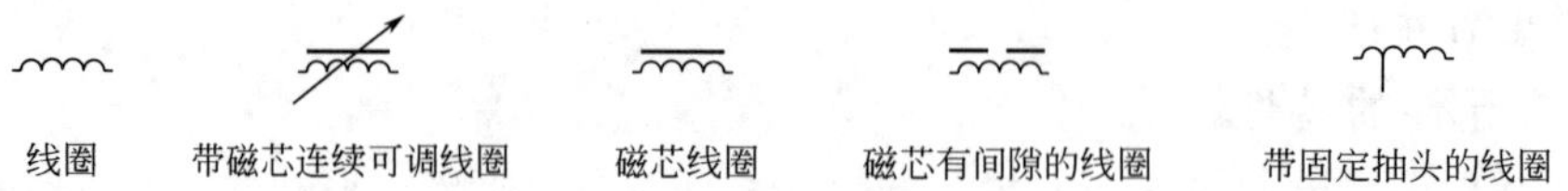

| 线圈 | 带磁芯连续可调线圈 | 磁芯线圈 | 磁芯有间隙的线圈 | 带固定抽头的线圈 |

图 1-17　电感线圈的图形符号

电感线圈是利用电磁感应作用的器件。在一个线圈中，通过一定数量的变化电流，线圈产生感应电动势大小的能力就称为线圈的电感量，简称电感。电感常用字母"L"表示。

电感的单位是亨利，简称亨，通常用符号"H"表示。常用单位还有"μH""mH"，它们的换算关系如下：

$$1H = 10^3 mH = 10^6 \mu H$$

电感元件是从实际线圈抽象出来的理想化模型，是代表电路中储存磁场能量这一物理现象的理想二端元件。当忽略实际线圈的导线电阻和线圈匝与匝之间的分布电容时，可将其抽象为仅具有储存磁场能量的电感元件。

2）电感元件的特性

任何导体当有电流通过时，在导体周围就会产生磁场；如果电流发生变化，磁场也随着变化，而磁场的变化又引起感应电动势的产生。这种感应电动势是由于导体本身的电流变化引起的，称为自感。

自感电动势的方向，可由楞次定律确定。即当线圈中的电流增大时，自感电动势的方向和线圈中的电流方向相反，以阻止电流的增大；当线圈中的电流减小时，自感电动势的方向和线圈中的电流方向相同，以阻止电流的减小。总之当线圈中的电流发生变化时，自感电动势总是阻止电流的变化。

自感电动势的大小，一方面取决于导体中电流变化的快慢；另一方面还与线圈的形状、尺寸、线圈匝数，以及线圈中介质情况有关。

当电压、电流为关联参考方向时，线性电感元件的特性方程为：

$$u = L \frac{di}{dt} \tag{1-15}$$

它表明电感元件端钮间的电压与它的电流对时间的变化率成正比。比例常数 L 称为电感，是表征电感元件特性的参数。当 u 的单位为伏特（V），i 的单位为安培（A）时，L 的单位为亨利，简称亨（H）。习惯上我们常把电感元件简称为电感，所以"电感"这个名词，既表示电路元件，又表示元件的参数。

本书只讨论线性电感元件。线性电感元件在电路图中用图 1-18 所示的符号表示。

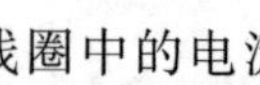

图 1-18　线性电感
元件图形符号

若电压、电流为非关联参考方向，则电感元件的特性方程为：

$$u = -L \frac{di}{dt} \tag{1-16}$$

从式（1-15）、式（1-16）很清楚地看到，只有当电感元件中的电流发生变化时，元件两端才有电压。电流变化越快，电压越高。当电流不变（直流电流）时，电压为零，这时电感元件相当于短路。

从式（1-15）、式（1-16）还可以看到，电感元件中的电流不能跃变，这是电感元件的一个重要性质。如果电流跃变，则要产生无穷大的电压，对实际电感线圈来说，这当然是不可能的。

在 u、i 关联参考方向下，线性电感元件吸收的功率为：

$$p = ui = Li\frac{\mathrm{d}i}{\mathrm{d}t} \tag{1-17}$$

在 t 时刻，电感元件储存的磁场能量为：

$$W_{\mathrm{L}}(t) = \frac{1}{2}Li^2(t) \tag{1-18}$$

式（1-18）表明，电感元件在某时刻储存的磁场能量，只与该时刻电感元件的电流有关。当电流增加时，电感元件从电源吸收能量，储存在磁场中的能量增加；当电流减小时，电感元件向外释放磁场能量。电感元件并不消耗能量，因此，电感元件也是一种储能元件。

在选用电感线圈时，除了选择合适的电感量外，还需注意实际的工作电流不能超过其额定电流；否则，由于电流过大，线圈发热而被烧毁。

1.3.4　独立电源元件

凡是向电路提供能量或信号的设备称为电源。电源有两种类型，其一为电压源，其二为电流源。电压源的电压不随其外电路而变化，电流源的电流不随其外电路而变化，因此，电压源和电流源总称为独立电源，简称独立源。

1）电压源

（1）理想电压源。理想电压源简称为电压源，是一个二端元件，它有以下两个基本特点：

① 无论它的外电路如何变化，它两端的输出电压为恒定值 U_{S}，或为一定时间的函数 $u_{\mathrm{S}}(t)$。

② 通过电压源的电流虽是任意的，但仅由它本身是不能决定的，还取决于与之相连接的外部电路，有时甚至完全取决于外电路。

电压源在电路图中的符号如图 1-19（a）所示，其电压用 U_{S} 表示。若 $u_{\mathrm{S}}(t)$ 的大小和方向都不随时间变化，则称为直流电压源，其电压用 U_{S} 表示。图 1-19（b）是直流电压源的另一种符号，且长线表示参考正极性，短线表示参考负极性。

直流电压源的伏安特性如图 1-20 所示，它是一条以 I 横坐标且平行于 U_{S} 的直线，表明其电流由外电路决定，不论电流为何值，直流电压源端电压总为 U_{S}。

$u_{\mathrm{S}}(t) = 0$ 的电压源是电压保持为零、电流由其外电路决定的二端元件，因此，$u_{\mathrm{S}}(t) = 0$ 的电压源可相当于 $R = 0$ 的电阻元件。在实际应用中，可以用一条短路导线来代替 $u_{\mathrm{S}}(t) = 0$ 的电压源。

同样，在实际应用中，不能将 $u_{\mathrm{S}}(t)$ 不相等的电压源并联，也不能将 $u_{\mathrm{S}}(t) \neq 0$ 的电压源短路。

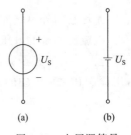

图 1-19　电压源符号

（2）实际电压源。电压源这种理想二端元件实际上是不存在的。实际的电压源，其端电压都是随着电流的变化而变化的。例如，当电池接通负载后，其电压就会降低，这是因为电池内部存在电阻的缘故。由此可见，实际的直流电压源可用数值等于 U_{S} 的理想电压源和一个内阻 R_{i} 相串联的模型来表示，如图 1-21（a）所示。

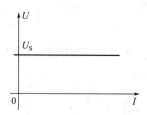

图 1-20　电压源伏安特性

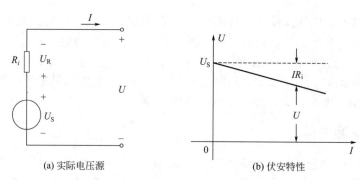

(a) 实际电压源　　　　　　　(b) 伏安特性

图 1-21　实际电压源及伏安特性

于是，实际直流电压源的端电压为：

$$U=U_S-U_R=U_S-IR_i \tag{1-19}$$

式中，U_S 的参考方向与 U 的参考方向一致，取正号；U_R 的参考方向与 U 的参考方向相反，取负号。式（1-20）所描述的 U 与 I 的关系，即实际直流电压源的伏安特性，如图 1-21（b）所示。

$$U=U_S-U_R=U_S-IR_i \tag{1-20}$$

2）电流源

（1）理想电流源。理想电流源简称为电流源，是一个二端元件，它有以下两个基本特点：

① 无论它的外电路如何变化，它的输出电流为恒定值 I_S，或为一定时间的函数 $i_S(t)$。

② 电流源两端的电压虽是任意的，但仅由它本身是不能决定的，还取决于与之相连接的外部电路，有时甚至完全取决于外电路。

电流源在电路图中的符号如图 1-22 所示，其中电流源的电流用 i_S 表示，电流源的端电压为 U_S。若 $i_S(t)$ 的大小和方向都不随时间变化，则称为直流电流源，其电流用 I_S 表示。

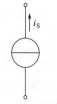

图 1-22　电流源符号图

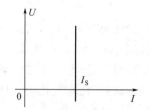

图 1-23　直流电流源伏安特性

直流电流源的伏安特性如图 1-23 所示，它是一条以 I 为横坐标且垂直于 I 轴的直线，表明其端电压由外电路决定，不论其端电压为何值，直流电流源输出电流总为 I_S。

$i_S(t)=0$ 的电流源是电流保持为零，电压由其外电路决定的二端元件，因此，$i_S(t)=0$ 的电流源就相当于 $R=\infty$ 的电阻元件。在实际应用中，可以用一条开路导线来代替 $i_S(t)=0$ 的电流源。

同样，在实际应用中，不能将 $i_S(t)$ 不相等的电流源串联，也不能将 $i_S(t)\neq0$ 的电流源开路。

（2）实际电流源。电流源这种理想二端元件实际上是不存在的。实际的电流源，其输出的电流是随着端电压的变化而变化的。例如，光电池在一定照度的光线照射下，被光激发产生的电流，并不能全部外流，其中的一部分将在光电池内部流动。由此可见，实际的直流电流源可用数值等于 I_S 的理想电流源和一个内阻 R_i' 相并联的模型来表示，如图 1-24（a）所示。

于是，实际直流电流源的输出电流为：

$$I=I_S-\frac{1}{R_i'}U \tag{1-21}$$

式中，I_S 为实际直流电流源产生的恒定电流；R_i' 为其内部分流电流。式（1-21）所描述的 U 与 I 的关系，即实际直流电流源的伏安特性，如图 1-24（b）所示。

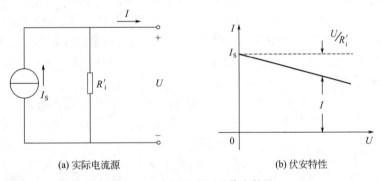

(a) 实际电流源　　　　　　　　　　(b) 伏安特性

图 1-24　实际电流源及伏安特性

1.3.5　受控源

电压或电流受电路中其他部分的电压或电流控制的电压源或电流源，称为受控源。

受控源是一种四端元件，它含有两条支路：一条是控制支路；另一条是受控支路。受控支路为一个电压源或为一个电流源，它的输出电压或输出电流（称为受控量），受另外一条支路的电压或电流（称为控制量）的控制，该电压源，电流源分别称为受控电压源和受控电流源，统称为受控源。

根据控制支路的控制量的不同，受控源分为四种：电压控制电压源、电流控制电压源、电压控制电流源、电流控制电流源，它们在电路中的符号如图 1-25 所示。为了与独立源相区别，受控源采用了菱形符号表示，如图 1-25 所示，图中控制支路为开路或短路，分别对应于受控源的控制量是电压或电流。

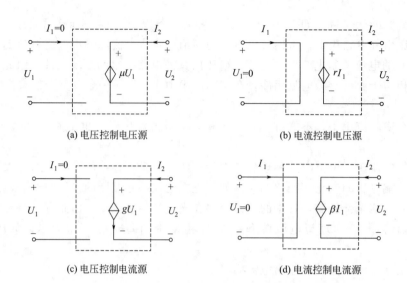

(a) 电压控制电压源 (b) 电流控制电压源

(c) 电压控制电流源 (d) 电流控制电流源

图 1-25 受控电源的类型

1.4 基尔霍夫定律

基尔霍夫定律是电路中电压和电流所遵循的基本规律，是分析计算电路的基础。它包括两方面的内容：其一是基尔霍夫电流定律，简写为 KCL 定律；其二是基尔霍夫电压定律；简写为 KVL 定律。它们与构成电路的元件性质无关，仅与电路的连接方式有关。

为了叙述问题方便，在具体讨论基尔霍夫定律之前，首先以图 1-26 为例，介绍电路模型图中的一些常用术语。

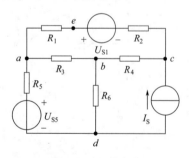

图 1-26 电路支路

① 支路：将两个或两个以上的二端元件依次连接称为串联。单个电路元件或若干个电路元件的串联，构成电路的一个分支，一个分支上流经的是同一个电流。电路中的每个分支都称为支路。图 1-26 中 ab、ad、aec、bc、bd、cd 都是支路，其中 aec 是由三个电路元件串联构成的支路，ad 是由两个电路元件串联构成的支路，其余 4 个都是由单个电路元件构成的支路。

② 节点：电路中 3 条或 3 条以上支路的连接点称为节点。图 1-26 中 a、b、c、d 都是节点。

③ 回路：电路中的任一闭合路径称为回路。图 1-26 中 $abda$、$bcdb$、$abcda$、$aecda$、$aecba$ 等都是回路。

④ 网孔：平面电路中，如果回路内部不包含其他任何支路，这样的回路称为网孔。因此，网孔一定是回路，但回路不一定是网孔。图 1-26 中的回路 $aecba$、$abda$、$bcdb$ 都是网孔，其余的回路则不是网孔。

连接在同一个节点上的各支路的电流，必然受到 KCL 定律的约束；任意一个闭合回路中各元件上的电压，必然受到 KVL 定律的约束。这种约束称为互连约束，亦即元件连接方式的约束。互连约束关系是线性关系。

1.4.1 基尔霍夫电流定律

KCL 定律是描述电路中任一节点所联接的各支路电流之间的相互约束关系。KCL 定律指出：对电路中的任一节点，在任一瞬间，流出或流入该节点电流的代数和为零。即：

$$\sum i(t)=0 \qquad (1\text{-}22)$$

在直流的情况下，则有：

$$\sum I=0 \qquad (1\text{-}23)$$

通常把式（1-22）、式（1-23）称为节点电流方程，简称为 KCL 方程。

应当指出：在列写节点电流方程时，各电流变量前的正、负号取决于各电流的参考方向对该节点的关系（是"流入"还是"流出"）；而各电流值的正、负则反映了该电流的实际方向与参考方向的关系（是相同还是相反）。通常规定，对参考方向背离节点的电流取正号，而对参考方向指向节点的电流取负号。

例如，图 1-27 所示为某电路中的节点 a，连接在节点 a 的支路共有五条，在所选定的参考方向下有：

$$-I_1+I_2+I_3-I_4+I_5=0$$

KCL 定律不仅适用于电路中的节点，还可以推广应用于电路中的任一假设的封闭面。即在任一瞬间，通过电路中的任一假设的封闭面的电流的代数和为零。

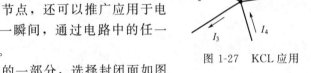

图 1-27　KCL 应用

例如，图 1-28 所示为某电路中的一部分，选择封闭面如图中虚线所示，在所选定的参考方向下有：

$$I_1-I_2-I_3-I_5+I_6+I_7=0$$

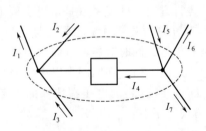

图 1-28　KCL 推广应用

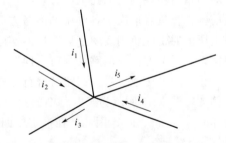

图 1-29　例 1-5 电路图

【例 1-5】　已知 $i_1=1\text{A}$、$i_2=3\text{A}$、$i_3=-6\text{A}$、$i_5=7\text{A}$，计算图 1-29 所示电路中的电流 i_4。

解：根据 KCL 定律可知：

$$i_1+i_2-i_3+i_4-i_5=0$$

则：

$$i_4=-i_1-i_2+i_3+i_5=-1\text{A}-3\text{A}-6\text{A}+7\text{A}=-3\text{A}$$

【例 1-6】　已知 $I_1=5\text{A}$、$I_6=6\text{A}$、$I_7=-9\text{A}$、$I_5=4\text{A}$，试计算图 1-30 所示电路中的电流 I_8。

解：在电路中选取一个封闭面，如图中虚线所示，根据 KCL 定律可知：

$$-I_1-I_6+I_7-I_8=0$$

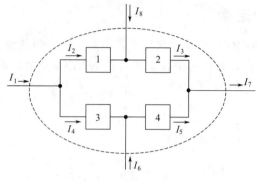

图 1-30　例 1-6 电路图

则：
$$I_8 = -I_1 - I_6 + I_7 = (-5 - 6 - 9)\text{A} = -20\text{A}$$

1.4.2　基尔霍夫电压定律

KVL 定律是描述电路中组成任一回路的各支路（或各元件）电压之间的约束关系。KVL 定律指出：对电路中的任一回路，在任一瞬间，沿回路绕行方向，各段电压的代数和为零。即：

$$\sum u(t) = 0 \tag{1-24}$$

在直流的情况下，则有：

$$\sum U = 0 \tag{1-25}$$

通常把式（1-24）、式（1-25）称为回路电压方程，简称为 KVL 方程。

应当指出：在列写回路电压方程时，首先要对回路选取一个回路"绕行方向"，各电压变量前的正、负号取决于各电压的参考方向与回路"绕行方向"的关系（是相同还是相反）；而各电压值的正、负则反映了该电压的实际方向与参考方向的关系（是相同还是相反）。通常规定，对参考方向与回路"绕行方向"相同的电压取正号，同时对参考方向与回路"绕行方向"相反的电压取负号。回路"绕行方向"是任意选定的，通常在回路中以虚线表示。

例如，图 1-31 所示为某电路中的一个回路 $ABCDA$，各支路的电压在选择的参考方向下为 u_1、u_2、u_3、u_4，因此，在选定的回路"绕行方向"下有：

$$u_1 + u_2 - u_3 - u_4 = 0$$

KVL 定律不仅适用于电路中的具体回路，还可以推广应用于电路中的任一假想的回路。即在任一瞬间，沿回路绕行方向，电路中假想的回路中各段电压的代数和为零。

例如，图 1-32 所示为某电路中的一部分，路径 a、f、c、b 节点并未构成回路，选定图中所示的回路"绕行方向"，对假想的回路 $afcba$ 列写 KVL 方程有：

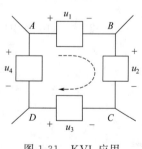

图 1-31　KVL 应用

$$-u_4 + u_5 - u_6 = 0$$

则：
$$u_{ab} = u_4 + u_5$$

由此可见：电路中 a、b 两点的电压 u_{ab} 等于以 a 为出发点，以 b 为终点的绕行方向上的任一路径上各段电压的代数和。其中，a、b 可以是某一元件或一条支路的两端，也可以是电路中任意两点。今后若要计算电路中任意两点间的电压，

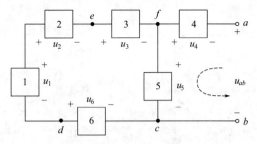

图 1-32　KVL 推广应用

可以直接利用这一推论。

【**例 1-7**】　试求图 1-33 所示直流电路中的电压 U_1 和 U_5。

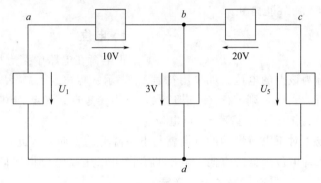

图 1-33　例 1-7 电路图

解：

对 $abda$ 回路，选择绕行方向为顺时针方向，列出 KVL 方程得：

$$10+3-U_1=0$$

所以

$$U_1=13\text{V}$$

对 $abcda$ 回路，选择绕行方向为顺时针方向，列出 KVL 方程得：

$$-20+U_5-U_1+10=0$$

所以

$$U_5=23\text{V}$$

【**例 1-8**】　电路如图 1-34 所示，三个网孔的绕行方向和各支路电流的参考方向已经给出，试列出 A、B、C 三个节点的电流方程和三个网孔的回路电压方程。

解：

对三个节点分别应用 KCL 可得：

节点 A

$$I_1-I_2-I_5=0$$

节点 B

$$I_5-I_4-I_6=0$$

节点 C

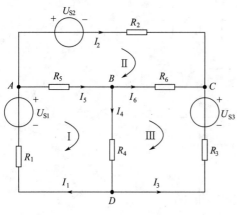

图 1-34 例 1-8 电路图

$$I_2+I_3+I_6=0$$

对三个网孔分别应用 KVL 得：

网孔 I

$$I_1R_1-U_{S1}+I_5R_5+I_4R_4=0$$

网孔 II

$$U_{S2}+I_2R_2-I_6R_6-I_5R_5=0$$

网孔 III

$$I_6R_6+U_{S3}-I_3R_3-I_4R_4=0$$

1.5 电路中的电位及其计算

1）电位

正电荷在电路中某点所具有的能量与电荷所带电量的比值称为该点的电位。如果用符号 V_a 表示 a 点电位，V_b 表示 b 点电位。若选取 a 点为参考点，即 $V_a=0$，则 $V_b<0$；若选取 b 点为参考点，即 $V_b=0$，则 $V_a>0$。但不论如何选取参考点，a 点电位永远高于 b 点电位。

由此可见，电场力对正电荷做功的方向就是电位降低的方向。因此，规定电压的方向由高电位指向低电位，即电位降低的方向。电压的方向可以用高电位指向低电位的箭头表示，也可以用高电位标"＋"、低电位标"－"来表示。

电路中电压大小的计算：在电路中 a、b 两点间的电压，等于 a、b 两点间的电位之差，即

$$U_{ab}=V_a-V_b \tag{1-26}$$

两点间的电压也称为两点间电位差。在电路计算时，事先无法确定电压的真实方向，通常事先选定参考方向，用"＋、－"标在电路图中。如果电压的计算结果为正值，那么电压的真实方向与参考方向一致；如果计算结果为负值，那么电压的真实方向与参考方向相反。

【例 1-9】 电路如图 1-35 所示，O 为参考点，试求 a、b、c 各点的电位。

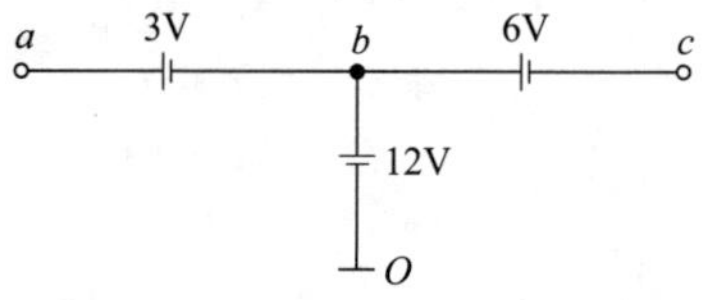

解：

$$U_{bO}=12\text{V}, \quad U_{bO}=V_b-V_O$$
$$V_b-V_O=12\text{V}$$
$$V_B=0$$

图 1-35 例 1-9 电路图

所以

$$V_b=12\text{V}$$
$$U_{ab}=3\text{V}, \quad V_a-V_b=3\text{V}$$
$$V_a=3+V_b=3+12=15 \text{ （V）}$$
$$U_{cb}=-6\text{V}, \quad V_c-V_b=-6\text{V}$$
$$V_c=-6+V_b=-6+12=6 \text{ （V）}$$

【例 1-10】 在电场中有 a、b、c 三点，电荷量 $q=5\times10^{-2}\text{C}$，电荷由 a 点移动到 b 点电场力做功 2J，电荷由 b 点移动到 c 点，电场力做功 3J，以 b 点为参考点，试求 a 点和 c 点电位。

解：以 b 点为参考点，则 $V_b = 0V$，根据电压定义式有

$$U_{ab} = \frac{W_{ab}}{q} = \frac{2}{5 \times 10^{-2}} = 40 \ (V)$$

又因为

$$U_{ab} = V_a - V_b$$

则

$$V_a = 40V$$

同理

$$U_{bc} = \frac{W_{bc}}{q} = \frac{3}{5 \times 10^{-2}} = 60 \ (V)$$

$$U_{bc} = V_b - V_c = 0 - V_c = 60，则 V_c = -60V$$

2）电动势

电动势是用来表征电源生产电能本领大小的物理量。在电源内部，把正电荷从低电位点（负极板）移动到高电位点（正极板），反抗电场力所做的功与被移动电荷的电荷量之比，叫做电源的电动势。电源电动势定义式为

$$E = \frac{W}{q} \tag{1-27}$$

式中，W 为电源力移动正电荷所做的功，J；q 为电源力移动的电荷量，C；E 为电源电动势，V。

电源电动势的方向规定为由电源的负极（低电位点）指向正极（高电位电）。在电源内部电路中，电源力移动正电荷形成电流，电流的方向是从负极指向正极；在电源外部电路中，电场力移动正电荷形成电流，电流方向是从电源正极流向电源负极。

--- **本章小结** ---

1. 研究电路的一般方法

电路模型是实际电路结构及功能的抽象化表示，是各种理想化元件模型的组合。分析电路的关键是首先建立电路模型，然后再按照电路定律及规律进行分析计算。

2. 电流、电压及电功率

（1）电荷有规则的定向运动就形成了电流。电流的大小用电流强度（简称电流）来表示；其方向为正电荷运动的方向，SI（国际）电流单位是安培（A）；电流一般用符号 i 表示，直流用符号 I 表示。

（2）电路中 a、b 两点间电压，其大小等于电场力由 a 点移动单位正电荷到 b 点所做的功；其方向是由高电位点指向低电位点。SI 电压的单位是伏特（V），电压一般用符号 u_{ab} 表示，直流电压用符号 U 表示。

（3）电流和电压的参考方向是电路分析中的一个重要的概念。在电路分析和计算中，必须在电路图上标出参考方向。参考方向可以任意选定，但一经选定，在电路的分析和计算过程中则不能改变。通常选取电压和电流的参考方向为关联参考方向。

（4）电功率是指电能量对时间的变化率，用符号 p 或 P 表示，其 SI 单位是瓦特（W）。

3. 元件的约束

电路元件的伏安关系（特性方程）称为元件约束。在电压、电流关联参考方向下，有：

① 电阻元件的特性方程

$$U = RI$$

② 电容元件的特性方程

$$i = C\frac{\mathrm{d}u}{\mathrm{d}t}$$

③ 电感元件的特性方程

$$u = L\frac{\mathrm{d}i}{\mathrm{d}t}$$

④ 电压源的特性方程

$$u = u_s$$

⑤ 电流源的特性方程

$$i = i_s$$

4. 互联约束

基尔霍夫定律是研究电路互联的基本定律。它包括基尔霍夫电流定律和基尔霍夫电压定律。

（1）基尔霍夫电流定律。基尔霍夫电流定律适用于节点，该定律说明：在任一时刻，流出任一节点的所有支路电流的代数和等于零，即

$$\sum i(t) = 0$$

（2）基尔霍夫电压定律。基尔霍夫电压定律适用于回路，该定律说明：在任一时刻，沿任一回路的所有支路或元件的电压代数和等于零，即

$$\sum u(t) = 0$$

习题1

1-1 根据图 1-36 所示参考方向，判断元件是吸收还是产生功率，其功率各为多少？

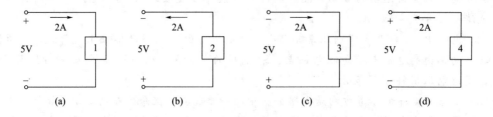

图 1-36 习题 1-1 图

1-2 各元件的条件如图 1-37 所示。

（a）若元件 a 吸收功率为 10W，求 I_a；

（b）若元件 b 产生功率为（−10W），求 U_b；

（c）若元件 c 吸收功率为（−10W），求 I_c；

（d）求元件 d 吸收的功率。

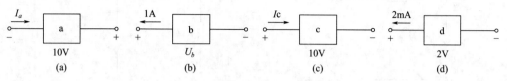

图 1-37 习题 1-2 图

1-3 求图 1-38 所示电路中的电压 U_{ab}。

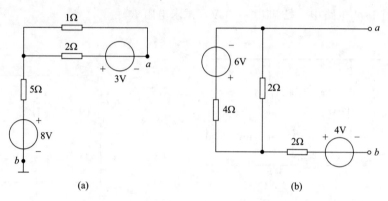

图 1-38 习题 1-3 图

1-4 求图 1-39 所示电路中的电压 U_{ac}、U_{ab} 和电流 I。

1-5 电路如图 1-40 所示。

（1）计算电流源的端电压；

（2）计算电流源和电压源的电功率，指出是吸收还是产生功率。

1-6 电路如图 1-41 所示。

（1）计算电流 I_1 和 I；

（2）计算电路中各元件的电功率。

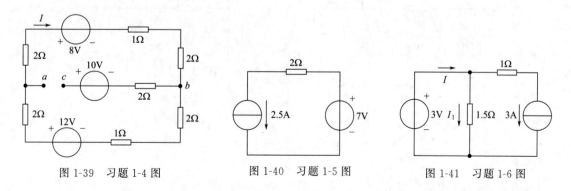

图 1-39 习题 1-4 图   图 1-40 习题 1-5 图   图 1-41 习题 1-6 图

1-7 如图 1-42 所示电路中，已知：$I_S=2A$，$U_S=12V$，$R_1=R_2=4\Omega$，$R_3=16\Omega$。分别求 S 断开和闭合后 A 点电位 V_A。

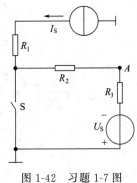

图 1-42 习题 1-7 图

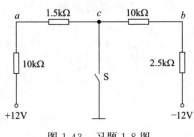

图 1-43 习题 1-8 图

1-8 如图 1-43 所示，在开关 S 断开和闭合时，分别计算 a、b、c 三点的电位。

1-9 在图 1-44 电路中，已知 $U = 3$ V，试求电阻 R。

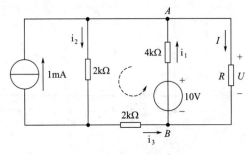

图 1-44 习题 1-9 图

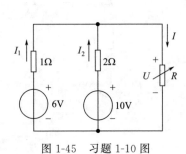

图 1-45 习题 1-10 图

1-10 在图 1-45 电路中，问：R 为何值时 $I_1 = I_2$？R 又为何值时，I_1、I_2 中一个电流为零？并指出哪一个电流为零。

1-11 电路如图 1-46 所示。

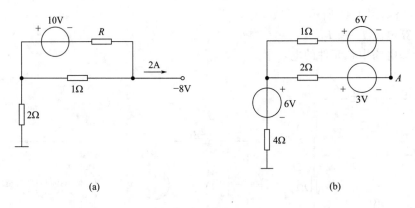

(a)   (b)

图 1-46 习题 1-11 图

（a）求图（a）中的电阻 R；

（b）求图（b）中 A 点的电位 V_A。

1-12 求电路图 1-47 中 A 点的电位。

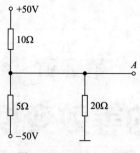

图 1-47 习题 1-12 图

第2章

电阻性电路的等效变换及分析方法

【内容提要】 由电阻元件、独立源以及受控源组成的电路叫电阻性电路。本章介绍电阻性电路中电阻的连接方式，以及电阻性电路的等效变换与电路的分析方法，如支路法、网孔法和节点电压法。

2.1 电路的等效变换

在电路分析中，如果研究的是整个电路的一部分，可以把这一部分作为一个整体看待。这个整体有两个端子与外部相连时，则被称为二端网络。每一个二端元件都是一个最简单的二端网络。若二端网络满足从一个端子的流入电流等于从另一端子的流出电流，则称该网络为一端口网络，如图2-1（a）、（b）所示。若一端口网络内部不含独立电源，称为无源一端口网络。本章所介绍的由电阻或电阻与受控源组合构成的网络均属于无源一端口网络。

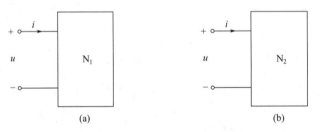

图2-1 一端口网络

对于如图2-1（a）、（b）所示内部结构和参数完全不相同的两个一端口网络 N_1 和 N_2，当它们端口的电压和电流的关系相同时，则称 N_1 和 N_2 互为等效电路。将电路的某一部分用其等效电路来替代的过程称为电路的等效变换。

等效的条件是等效网络的端口具有相同的伏安关系，而电路中未被等效部分的电压与电流均保持不变。注意：等效只是对外电路而言，N_1 和 N_2 的内部并不等效。进行网络的等效变换，用结构较简单的网络等效代替结构较复杂的网络，可以简化电路的分析计算。

例如：在图2-2（a）中，虚线框中由5个电阻构成的电路可以用一个电阻 R_{eq} 替代，如图2-2（b）所示，使整个电路得以简化。进行替代的条件是使图2-2（a）、（b）中端子 a-b 以右的部分有相同的伏安特性，电阻 R_{eq} 称为等效电阻。

另一方面，当图 2-2（a）中，端子 *a-b* 以右电路被 R_{eq} 替代后，*a-b* 以左部分电路的任何电压和电流都将维持与原电路相同，这就是电路的等效概念。当电路中某一部分用其等效电路替代后，未被替代部分的电压和电流均应保持不变。用等效电路的方法求解电路时，电压和电流保持不变的部分仅限于等效电路以外，这就是"对外等效"的概念。

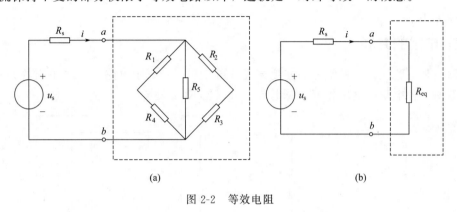

图 2-2　等效电阻

2.2　电阻的串联和并联

2.2.1　电阻的串联

串联是电路元件一种常见的连接方式。图 2-3（a）所示电路为 n 个电阻 R_1、R_2、$\cdots$、R_n 的串联组合，电阻串联时，每个电阻中的电流相等。

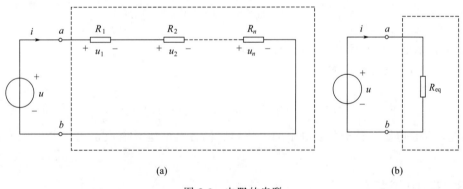

图 2-3　电阻的串联

应用 KVL 定律，有 $u = u_1 + u_2 + \cdots + u_n$。

由于每个电阻的电流均为 i，将 $u_1 = iR_1$，$u_2 = iR_2$，$\cdots$，$u_n = iR_n$ 代入上式，可得

$$R_{eq} \stackrel{\text{def}}{=} R_1 + R_2 + \cdots + R_n = \sum_{k=1}^{n} R_k \tag{2-1}$$

其中，R_{eq} 是这些串联电阻的等效电阻。显然，等效电阻必大于任一个串联电阻。

电阻串联时，各电阻上的电压为

$$u_k = iR_k = \frac{R_k}{R_{eq}}u \qquad (k=1,2,\cdots,n) \qquad (2-2)$$

可见，串联的每个电阻，其电压与电阻值成正比，即总电压根据各个串联电阻的阻值进行分配，式（2-2）称为分压公式。在总电压一定时，适当选择串联电阻，可使每个电阻得到所需的电压。

2.2.2 电阻的并联

并联也是电路元件一种常见的连接方式，图 2-4（a）所示电路为 n 个电阻的并联组合。电阻并联时，各电阻的电压相等，总电流 I 可根据 KCL 写作：

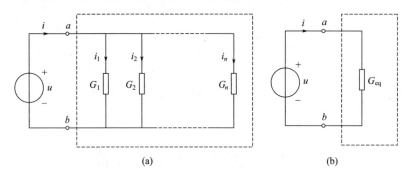

图 2-4 电阻并联

$$i = i_1 + i_2 + \cdots + i_n = G_1u + G_2u + \cdots + G_nu$$
$$= (G_1 + G_2 + \cdots + G_n)u = G_{eq}u \qquad (2-3)$$

式中，G_1、G_2、$\cdots$、G_n 为电阻 R_1、R_2、$\cdots$、R_n 的电导，而

$$G_{eq} \overset{def}{=} \frac{i}{u} = G_1 + G_2 + \cdots + G_n = \sum_{k=1}^{n} G_k \qquad (2-4)$$

G_{eq} 是 n 个电阻并联后的等效电导。

电阻并联时，各电阻中的电流为

$$i_k = G_k u = \frac{G_k}{G_{eq}}i \qquad (k=1,2,\cdots,n) \qquad (2-5)$$

因此，并联电路中各个并联电阻的电流与它们各自的电导值成正比。式（2-5）称为分流公式。

2.2.3 电阻的混联

当电阻的连接中既有串联又有并联时，称为电阻的混联。图 2-5 所示电路为混联电路。在图 2-5 中，R_4 与 R_5 并联后与 R_2 串联，再与 R_3 并联，再与 R_1 串联。故有：

$$R_{eq} = [R_4 // R_5 + R_2] // R_3 + R_1$$

【例 2-1】 试求如图 2-6(a)所示电路的等效电阻 R_{eq}，已知 $R_1 = 5\Omega, R_2 = 2\Omega, R_3 = 16\Omega,$ $R_4 = 40\Omega, R_5 = 10\Omega, R_6 = 60\Omega, R_7 = 10\Omega, R_8 = 5\Omega, R_9 = 10\Omega$。

解：R_4 和 R_6 并联，其等效电阻为

$$R_{46} = \frac{40 \times 60}{40 + 60} = 24(\Omega)$$

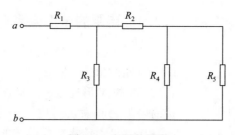

图 2-5 电阻的混联

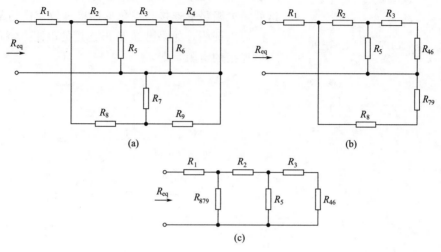

图 2-6 例 2-1 电路图

R_7 和 R_9 并联，其等效电阻为

$$R_{79} = \frac{10 \times 10}{10 + 10} = 5 (\Omega)$$

网络化简如图 2-6(b) 所示。

R_8 与 R_{79} 串联，其等效电阻为

$$R_{879} = 5 + 5 = 10 \ (\Omega)$$

网络化简如图 2-6(c) 后，可以看出，R_3 与 R_{46} 串联后再与 R_5 并联，再与 R_2 串联，与 R_{879} 并联，与 R_1 串联，得

$$R_{eq} = 10 \Omega$$

2.3 电阻的星形（Y）连接和三角形（△）连接的等效变换

2.3.1 电阻的 Y 形连接和△形连接

在 Y 形连接（简称 Y 接）中，各个电阻都有一端接在一个公共节点上，另一端则分别接到 3 个端子上；在△形连接（简称△接）中，各个电阻分别接在 3 个端子的每两个之间。这两种连接方式中的电阻既非串联又非并联。例如，在图 2-7 所示的电路中，电阻 R_1、R_3、R_5 构成一个 Y 形连接；电阻 R_1、R_2、R_5 构成一个△形连接。

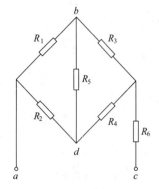

图 2-7　电阻的 Y 形与△形连接

2.3.2　电阻的 Y 形连接与△形连接的等效变换

　　Y 形连接和△形连接（简称△接），都是通过 3 个端子与外部相连。图 2-8（a）、（b）分别表示关于端子 1、2、3 的 Y 形连接和△形连接的 3 个电阻。当两种连接的电阻之间满足对应端子之间具有相同的电压 u_{12}、u_{23} 和 u_{31}，而流入对应端子的电流分别相等，即：$i_1 = i'_1$，$i_2 = i'_2$，$i_3 = i'_3$。在这种条件下，它们彼此等效。这就是电阻星形连接与三角形连接等效变换的条件。

　　可以证明，如果已知 Y 形连接的电阻，就可以确定△形连接的电阻，即

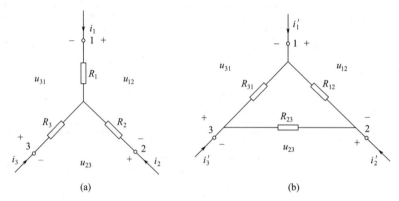

图 2-8　Y 形与△形连接的等效变换

$$\begin{cases} R_{12} = \dfrac{R_1R_2 + R_2R_3 + R_3R_1}{R_3} \\[2mm] R_{23} = \dfrac{R_1R_2 + R_2R_3 + R_3R_1}{R_1} \\[2mm] R_{31} = \dfrac{R_1R_2 + R_2R_3 + R_3R_1}{R_2} \end{cases} \tag{2-6}$$

式（2-6）就是根据 Y 形连接的电阻确定△形连接的电阻的公式。

如果已知△形连接的电阻，同样可以确定 Y 形连接的电阻，即

$$\begin{cases} R_1 = \dfrac{R_{12}R_{31}}{R_{12} + R_{23} + R_{31}} \\[2mm] R_{23} = \dfrac{R_{23}R_{12}}{R_{12} + R_{23} + R_{31}} \\[2mm] R_{31} = \dfrac{R_{31}R_{23}}{R_{12} + R_{23} + R_{31}} \end{cases} \tag{2-7}$$

式（2-7）就是根据△形连接的电阻确定 Y 形连接的电阻的公式。其证明从略。

为了便于记忆，以上互换公式可归纳为：

$$△形电阻 = \frac{Y 形电阻两两乘积之和}{Y 形不相邻电阻}$$

$$Y\ 形电阻=\frac{\triangle形相邻电阻的乘积}{\triangle形电阻之和}$$

若 Y 形连接中 3 个电阻相等，即 $R_1=R_2=R_3=R_Y$，则等效 $\triangle$ 形连接中 3 个电阻也相等，它们之间的关系为：

$$R_\triangle=3R_Y 或 R_Y=\frac{1}{3}R_\triangle$$

【例 2-2】 在如图 2-9（a）所示电路中，已知 $U_S=225\text{V}$，电阻 $R_0=1\Omega$，$R_1=40\Omega$，$R_2=36\Omega$，$R_3=50\Omega$，$R_4=55\Omega$，$R_5=10\Omega$。试求各电阻的电流。

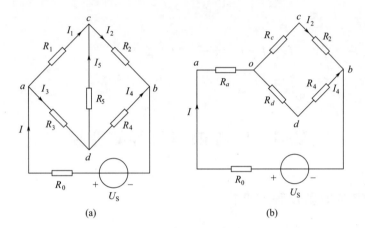

(a)   (b)

图 2-9　例 2-2 电路图

解：将 $\triangle$ 形连接的 R_1、R_3、R_5 等效变换为 Y 形连接的 R_a、R_c、R_d，电路如图 2-9（b）所示，求得：

$$R_a=\frac{R_1R_3}{R_1+R_3+R_5}=\frac{40\times50}{40+50+10}=20\ （\Omega）$$

$$R_c=\frac{R_1R_5}{R_1+R_3+R_5}=\frac{40\times10}{40+50+10}=4\ （\Omega）$$

$$R_d=\frac{R_3R_5}{R_1+R_3+R_5}=\frac{50\times10}{40+50+10}=5\ （\Omega）$$

R_c 和 R_2 串的等效电阻 $R_{c2}=40\Omega$，R_d 和 R_4 串联的等效电阻 $R_{d4}=60\Omega$，R_{c2} 和 R_{d4} 并联的等效电阻为

$$R_{0b}=\frac{40\times60}{40+60}=24\ （\Omega）$$

$$R_{a0b}=R_a+R_{0b}=20+24=44\ （\Omega）$$

$$I=\frac{U_S}{R_0+R_{a0b}}=\frac{225}{1+44}=5\ （A）$$

$$I_2 = \frac{R_{d4}}{R_{c2}+R_{d4}}I = \frac{60}{40+60}\times5=3 \ (A)$$

$$I_4 = \frac{R_{c2}}{R_{c2}+R_{d4}}I = \frac{40}{40+60}\times5=2 \ (A)$$

在图 2-9（b）中求得

$$U_{ac} = R_a I + R_c I_2 = 20\times5+4\times3=112 \ (V)$$

在图 2-9（a）中求得

$$I_1 = \frac{U_{ac}}{R_1} = \frac{112}{40} = 2.8 \ (A)$$

由 KCL 定律

$$I_3 = I - I_1 = 5 - 2.8 = 2.2 \ (A)$$

$$I_5 = I_3 - I_4 = 2.2 - 2 = 0.2 \ (A)$$

2.4　电源模型及等效变换

2.4.1　理想电源模型及等效变换

电路分析中经常会遇到多个理想电源串联、并联的情况，也可以运用等效的概念将其简化。

1）理想电压源的串联

图 2-10(a) 为 n 个理想电压源的串联电路。根据 KVL 定律，可以用一个电压源等效替代，如图 2-10(b) 所示，这个等效电压源的电压为：

$$u_s = u_{s1} + u_{s2} + \cdots + u_{sn} = \sum_{k=1}^{n} u_{sk} \qquad (2-8)$$

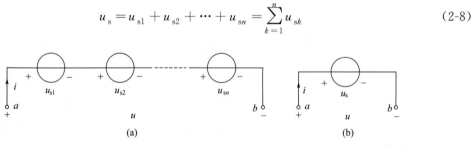

图 2-10　理想电压源的串联

如果 u_{sk} 的参考方向与图 2-10(b) 中 u_s 的参考方向一致时，式(2-8)中 $u_{s,k}$ 的前面取"＋"号，不一致时取"－"号。

2）理想电流源的并联

图 2-11(a) 所示为 n 个理想电流源的并联电路。据 KCL，可以用一个电流源等效替代，如图 2-11(b) 所示，这个等效电流源的电流为：

$$i_s = i_{s1} + i_{s2} + \cdots + i_{sn} = \sum_{k=1}^{n} i_{sk} \qquad (2-9)$$

如果 i_{sk} 的参考方向与图 2-11(b) 中 i_s 的参考方向一致时，式(2-9)中 i_{sk} 的前面取 "＋" 号，不一致时取 "－" 号。

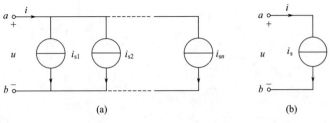

图 2-11　理想电流源的并联

注意：只有电压相等、极性一致的理想电压源才允许并联，否则违背 KVL 定律。其等效电路为其中任一理想电压源，但是这个并联组合向外部提供的电流，在各个理想电压源之间如何分配则无法确定。

同理，只有电流相等且方向一致的电流源才允许串联，否则违背 KCL 定律。其等效电路为其中任一理想电流源，但是这个串联组合的总电压如何在各个理想电流源之间分配则无法确定。

3) 理想电源的等效变换

任意元件或支路与电压源并联时，对端口电压无影响，如图 2-12(a) 所示。根据等效变换的条件，图 2-12(a) 电路可以等效变换为图 2-12(b) 电路。也就是说，电压源与任何元件或支路并联时，可等效为电压源。

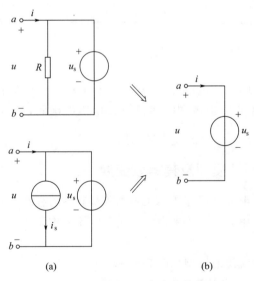

图 2-12　理想电压源与支路的并联

同理，任意元件或支路与电流源串联时，对端口电流无影响，如图 2-13(a) 所示。根据等效变换的条件，图 2-13(a) 电路可以等效变换为图 2-13(b) 电路。也就是说，电流源与任何元件或支路串联时，可等效为电流源。

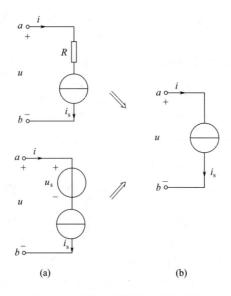

图 2-13　理想电压源与支路的串联

【例 2-3】　试求图 2-14（a）所示电路的最简等效电路。

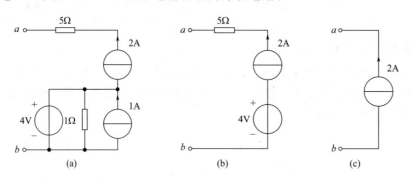

图 2-14　例 2-3 电路图

解：由图 2-14(a)可知，4V 电压源与 1Ω 电阻和 1A 电流源的并联，等效为 4V 电压源，如图 2-14(b)所示；2A 电流源与 4V 电压源和 5Ω 电阻的串联，等效为 2A 的电流源，如图 2-14(c)所示。

2.4.2　实际电源的两种模型及其等效变换

在实际工程中，理想电源并不存在，实际电源都有内阻存在。对于内阻，在实际电压源中采用内阻与理想电压源串联的方式来表示；实际电流源中采用内阻与理想电流源并联的方式来表示。

实际电压源与实际电流源的模型如图 2-15 所示。

实际电压源的端口特性为

$$u = u_s - i R_s \tag{2-10}$$

实际电流源的端口特性为

$$i = i_s - \frac{u}{r_s} \tag{2-11}$$

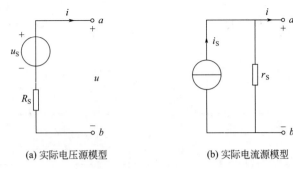

(a) 实际电压源模型   (b) 实际电流源模型

图 2-15   实际电源模型

1）实际电压源转换成实际电流源

实际电压源转换成实际电流源，即电压源的参数 u_s、R_s 已知，求等效的实际电流源的参数 i_s、r_s。

式(2-11)可转换成为

$$u = i_s r_s - i r_s \tag{2-12}$$

根据等效变换的条件，比较式（2-10）和式(2-12)可知，只要满足

$$\begin{cases} r_s = R_s \\ i_s = \dfrac{u_s}{R_s} \end{cases} \tag{2-13}$$

则图 2-15 所示两电路的外特性完全相同，两者可以相互置换。

2）实际电流源转换成实际电压源

实际电流源转换成实际电压源，即电流源的参数 i_s、R_s 已知，求等效的实际电压源的参数 u_s、R_s。

根据等效变换的条件，比较式(2-10)和式(2-12)可知，只要满足

$$\begin{cases} R_s = r_s \\ u_s = r_s i_s \end{cases} \tag{2-14}$$

则图 2-15 所示两电路的外特性完全相同，两者可以相互置换。

实际电源在等效变换时应注意以下几点：

（1）实际电源的相互转换，只是对电源的外电路而言的，对电源内部则是不等效的。如电流源，当外电路开路时，内阻上仍有功率损耗；电压源开路时，内阻上并不损耗功率。

（2）电源变换时要注意两种电路模型的极性必须一致，即电流源流出电流的一端与电压源的正极性端相对应。

（3）实际电源的相互转换中，不仅只限于内阻，可扩展至任一电阻。凡是理想电压源与某电阻 R 串联的有源支路，都可以变换成理想电流源与电阻 R 并联的有源支路，反之亦然。

（4）理想电压源与理想电流源不能相互等效变换。理想电压源的电压恒定不变，电流取决于外电路负载；理想电流源的电流是恒定的，电压取决于外电路负载，故两者不能等效。

【**例 2-4**】 化简图 2-16(a)所示电路，并求电流 I。

解：利用电源的等效变换，将图 2-16(a)经图 2-16(b)、(c)、(d)等效变换为图 2-16(e)，

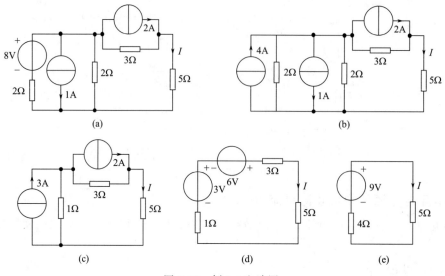

图 2-16 例 2-4 电路图

可得

$$I = \frac{9}{4+5} = 1 \text{（A）}$$

2.4.3 受控源的等效变换

为进一步理解等效变换的概念，下面我们通过分析图 2-17(a)所示电路的端口伏安关系，来讨论受控源的等效变换。

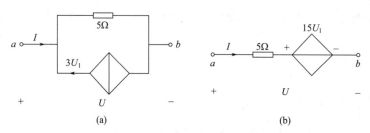

图 2-17 受控源及等效变换

图 2-17(a)中，受控电流源的控制量 U_1 在所分析的二端网络之外，对该图进行等效变换不会影响到 U_1。一方面，应用 KCL 和欧姆定律，可得该电路的端口伏安关系为：

$$I = \frac{U}{5} - 3U_1 \tag{2-15}$$

另一方面，将图 2-17(a)中的受控电流源看作电流为 $3U_1$ 的独立电流源，可对其进行电源等效变换，得到图 2-17（b）所示等效电路。

应用 KVL 和欧姆定律可得图 2-17(b)所示电路的端口伏安关系为：

$$U = 5I + 15U_1 \tag{2-16}$$

比较式(2-15)与式(2-16)可知：图 2-17(a)与图 2-17(b)所示电路在端口上的伏安关系相同，这两个电路是等效的。

因此，在保证变换前后受控源的控制量不变的前提下，我们能够对受控源进行等效变换。

【例 2-5】 电路如图 2-18(a)所示，求电路中的 I。

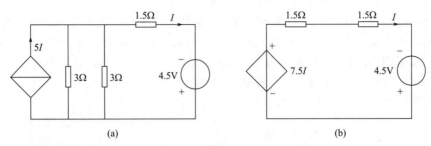

图 2-18　例 2-5 电路图

解：根据等效变换，将与电阻并联组合变换为与电阻串联的组合，如图 2-18(b)所示，由 KVL 可得：

$$-7.5I+(1.5+1.5)I-4.5=0$$
$$I=-1(\text{A})$$

2.5　输入电阻

如果一个无源一端口内部仅含有电阻元件，则应用电阻的串、并联和 Y-△ 变换等方法，可以求得它的等效电阻。如果无源一端口内部不仅含有电阻，还含有受控源，则不论端口内部如何复杂，把端口电压与端口电流的比值定义为一端口的输入电阻，即

$$R_{\text{in}} \overset{\text{def}}{=} \frac{u}{i} \tag{2-17}$$

端口的输入电阻在数值上与端口的等效电阻相等，但两者的含义不同。求端口输入电阻的一般方法称为电压、电流法，即在端口加以电压源 u_s，然后求出端口电流 i；或在端口加以电流源 i_s，然后求出端口电压 u。根据式（2-17），可以采用这种方法测量一个电阻器的电阻。

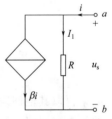

【例 2-6】 求图 2-19 所示电路的输入电阻。

解：在端口处加电压 u_s，求出 u_s 和 i 的关系

$$u_s=I_1R$$
$$I_1=i-\beta i$$

所以　　　　　　　$u_s=(i-\beta i)R=(1-\beta)iR$

图 2-19　例 2-6 电路图

端口的输入电阻　　　　　　$R_{\text{in}}=\dfrac{u_s}{i}=(1-\beta)R$

2.6　支路分析法

对于复杂电路，不能按电阻串联等关系简化成简单回路来分析，具体的分析方法有多种，其中支路电流法是最基本的方法，这种方法是以支路电流为变量，通过列写电路独立的

KCL 和 KVL 方程来求解各支路电流。

下面通过图 2-20 所示电路说明支路电流法的求解规律。

（1）确定支路数目 b，标出各支路待求电流的参考方向。

参考方向可以任意规定，如果和实际电流方向相反，求得的电流将为负值。若有 b 个待求支路电流，则需要列出 b 独立方程，图 2-20 中 $b=5$，必须列出 5 个独立方程式。

（2）列写 KCL 方程。若有 n 个节点，则可列出 $n-1$ 个独立的 KCL 方程。

图 2-20 中，$n=3$，只能列出 2 个独立 KCL 方程。

对节点 a $\qquad\qquad I_1+I_2+I_4-I_5=0$ (2-18)

对节点 b $\qquad\qquad -I_2+I_3+I_5=0$ (2-19)

（3）列写回路电压方程。若有 m 个网孔，则可建立 m 个独立的 KVL 方程。即
$$m=b-n+1$$

图 2-20 中，$m=3$，可列写 3 个独立 KVL 方程，按所标电流参考方向，分别为

网孔 1 $\qquad\qquad U_{s1}=-I_1R_1+I_4R_4$ (2-20)

网孔 2 $\qquad\qquad U_{s2}=-I_2R_2-I_5R_5$ (2-21)

网孔 3 $\qquad\qquad U_{s3}=-I_3R_3+I_4R_4+I_5R_5$ (2-22)

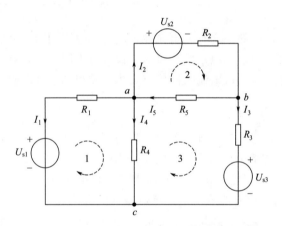

图 2-20　支路电流法举例

如果再取其他回路列方程，则它可由式(2-20)～式(2-22)消去公共支路而导出，故不是独立的。在列回路电压方程时，每次所取的回路至少应包含一条新支路，列出的方程才是独立的。

（4）联立方程，求出 b 个支路电流。

【例 2-7】　在如图 2-21 所示电路中，已知 $U_{s1}=U_{s2}=12\text{V}$，$R_1=1\Omega$，$R_2=R_3=2\Omega$，$R_4=4\Omega$，求各支路电流。

解：电路有 4 条支路，2 个节点，故可列 1 个独立的 KCL 方程，3 个 KVL 方程。

节点 a $\qquad\qquad I_1+I_2=I_3+I_4$

网孔 1 $\qquad\qquad I_1R_1+I_3R_3=U_{s1}$

网孔 2 $\qquad\qquad I_3R_3+I_2R_2=U_{s2}$

网孔 3 $\qquad\qquad I_2R_2+I_4R_4=U_{s2}$

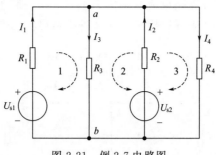

图 2-21　例 2-7 电路图

代入数据，解上述 4 个方程，可得

$$I_1=4\text{A}, \quad I_2=2\text{A}, \quad I_3=4\text{A}, \quad I_4=2\text{A}$$

【例 2-8】 在图 2-22 中，$i_s=10\text{A}$，$u_s=5\text{V}$，$R_1=R_2=1\Omega$，求 i_1、i_2 和 u。

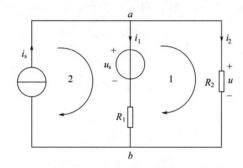

图 2-22　例 2-8 电路图

解：此电路有三条支路，两个节点，即 $n=2$，$b=3$。

节点 a　　　　　　　　　　$i_2+i_1=i_s$

回路 1　　　　　　　　　　$i_2R_2-i_1R_1=u_s$

解方程，得　　　　　　　　$i_1=2.5\text{A}$，$i_2=7.5\text{A}$

由欧姆定律得　　　　　　　$u=i_2R_2=7.5\text{V}$

由此题可以看出，当电路中某一支路含有电流源时，可少列写一个 KVL 方程，且在列写 KVL 方程时要避开电流源。

用支路电流法求解电路时，对于支路数较多的电路，所列的联立方程就较多，不便求解，这时可选用其他方法。下面我们介绍网孔电流法。

2.7　网孔分析法

在平面电路中，内部没有任何支路的回路就是网孔，平面电路的网孔是一组独立回路。设想在电路的每一个网孔中环行的电流叫做网孔电流。用 i_{m1}、i_{m2} 和 i_{m3}…表示。网孔电流法就是以网孔电流作为未知量来分析电路的方法，它只适用于平面电路。

对于图 2-23 所示电路，各支路电流分别为 i_1、i_2、i_3，假想在网孔中有电流 i_{m1} 和 i_{m2} 按顺时针方向流动，如图 2-23 中虚线所示，那么各支路电流与网孔电流有如下的关系：即

$$i_1 = i_{m1}, \ i_2 = i_{m2}, \ i_3 = i_{m1} - i_{m2} \tag{2-23}$$

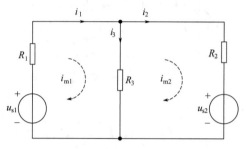

图 2-23　网孔电流法举例

取绕行方向与网孔电流的方向一致，对三个网孔，根据 KVL 列写电压方程：

$$\begin{cases} i_1 R_1 + i_3 R_3 - u_{s1} = 0 \\ i_2 R_2 - i_3 R_3 + u_{s2} = 0 \end{cases} \tag{2-24}$$

将支路电流与网孔电流之间的关系式代入，整理得到

$$\begin{cases} (R_1 + R_3) i_{m1} - R_3 i_{m2} = u_{s1} \\ -R_3 i_{m1} + (R_2 + R_3) i_{m2} = -u_{s2} \end{cases} \tag{2-25}$$

式(2-25)就是以 2 个网孔电流作为未知量的网孔电流方程。R_1、R_2、R_3 和 u_{s1}、u_{s2} 已知时，可以解出网孔电流 i_{m1} 和 i_{m2}。求出电路的网孔电流，则各支路电流即可由式(2-23)求出。由于全部网孔是一组独立回路，针对每个网孔列写的网孔电流方程也将是独立的，且独立方程个数与电路变量数均为全部网孔数，因此足以解出网孔电流。网孔电流在相应网孔中环流一周是假想的，网孔电流的方向可以任意假设。

下面归纳网孔电流法的一般规律。

设平面电路有 b 条支路，n 个节点，则网孔数 $m = b - n + 1$。以网孔电流为未知量，根据 KVL，可以列出 m 个网孔方程。根据式(2-25)的规律，运用网孔电流法列写 KVL 方程的一般形式为

$$\begin{cases} R_{11} i_{m1} + R_{12} i_{m2} + \cdots + R_{1m} i_{mm} = \sum_{m1} u_s \\ R_{21} i_{m1} + R_{22} i_{m2} + \cdots + R_{2m} i_{mm} = \sum_{m2} u_s \\ \vdots \\ R_{m1} i_{m1} + R_{m2} i_{m2} + \cdots + R_{mm} i_{mm} = \sum_{mm} u_s \end{cases} \tag{2-26}$$

式(2-26)中，$R_{ii}(i = 1, 2, \cdots, m)$ 称为网孔 i 的自电阻，等于网孔 i 的各电阻之和，恒为正；$R_{ij}(i, j = 1, 2, \cdots, m, i \neq j)$ 称为网孔 i、j 之间的互电阻，等于网孔 i、j 公共支路上的电阻之和。当网孔 i、j 的网孔电流流经公共支路时，方向一致，则互电阻为正；反之，互电阻为负。式(2-26)的方程右边是各个网孔中电压源电压的代数和，即电压源电压

的方向与网孔方向一致时取负，反之取正。

由以上分析，可归纳网孔电流法的步骤如下：

① 选定一组网孔，并假设各网孔电流的参考方向；

② 以网孔电流的方向为网孔的绕行方向，按式(2-26)的形式列写各网孔的 KVL 方程；

③ 解网孔电流方程解出网孔电流。再由网孔电流与支路电流的关系求出支路电流。

【例 2-9】 试用网孔电流法求【例 2-7】中各支路电流。

解：设三个网孔的网孔电流分别为 i_{m1}、i_{m2} 和 i_{m3}，由 KVL 写出网孔方程为

$$\begin{cases} 3i_{m1}+2i_{m2}=12 \\ 2i_{m1}+4i_{m2}+2i_{m3}=12 \\ 2i_{m2}+6i_{m3}=12 \end{cases}$$

解方程得网孔电流 $\qquad i_{m1}=4A，i_{m2}=0A，i_{m3}=2A$

支路电流 $\quad i_1=i_{m1}=4A，i_2=i_{m2}+i_{m3}=2A，i_3=i_{m1}+i_{m2}=4A，i_4=i_{m3}=2A$

【例 2-10】 试用网孔电流法求【例 2-8】中各支路电流。

解：先假设网孔 1 和 2 的网孔电流分别为 i_{m1} 和 i_{m2}。因 i_s 在非公共之路，所以网孔电流 $i_{m2}=i_s=10A$ 为已知量。所以只要列写网孔 1 的方程即可，即

$$(R_1+R_2)i_{m1}-R_1i_{m2}=u_s$$

代入数据，得

$$2i_{m1}-i_{m2}=5$$

又 $i_{m2}=10A$，故解得 $\qquad i_{m1}=7.5A$

所以支路电流 $\qquad i_2=i_{m1}=7.5A，i_1=i_s-i_2=2.5A$

2.8 节点电压法

节点电压法是支路法的另一种改进，普遍应用于计算机辅助分析电路中。

在具有 n 个节点的电路中，任选一个节点作为参考节点时，其他 $(n-1)$ 个节点就是独立节点，这些节点与此参考节点之间的电压称为节点电压。节点电压的参考极性是以参考节点为负，其余独立节点为正。在图 2-24 所示电路中，当选择节点 0 作为参考节点时，节点 1 与节点 0 之间的电压 u_{10} 称为节点 1 的节点电压，同理节点 2 的节点电压为 u_{20}。常简写为 u_{n1}、u_{n2}。以节点电压作为未知量，对 $(n-1)$ 个独立节点列写 KCL 方程，就得到 $(n-1)$ 个独立方程，称为节点电压方程，最后由这些方程解出节点电压，从而求出所需的电压、电流，这就是节点电压法。

下面以图 2-24 所示电路为例，推导节点电压的一般方程。

假设已知 R_1、R_2、R_3、R_4 和 u_{s1}、u_{s2}、i_s，以节点 0 为参考节点，选择各支路电流参考方向如图 2-24 所示，对独立节点 1、2 列写 KCL 方程，得到

节点 1 $\qquad\qquad\qquad\qquad i_1-i_2-i_3=0$ $\qquad\qquad\qquad$ (2-27)

节点 2 $\qquad\qquad\qquad\qquad i_3+i_s-i_4=0$ $\qquad\qquad\qquad$ (2-28)

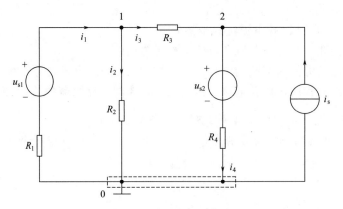

图 2-24 节点电压法举例

其中

$$i_1 = \frac{u_{s1} - u_{n1}}{R_1} = G_1(u_{s1} - u_{n1}) \tag{2-29}$$

$$i_2 = \frac{u_{n1}}{R_2} = G_2 u_{n1} \tag{2-30}$$

$$i_3 = \frac{u_{n1} - u_{n2}}{R_3} = G_3(u_{n1} - u_{n2}) \tag{2-31}$$

$$i_4 = \frac{u_{n2} - u_{s2}}{R_4} = G_4(u_{n2} - u_{s2}) \tag{2-32}$$

将式(2-29)～式(2-32)分别代入式(2-27)和式(2-28)中整理，得

$$\begin{cases} (G_1 + G_2 + G_3)u_{n1} - G_3 u_{n2} = G_1 u_{s1} \\ -G_3 u_{n1} + (G_3 + G_4)u_{n2} = G_4 u_{s2} + i_s \end{cases} \tag{2-33}$$

联立求解，可得 u_{n1}、u_{n2}。将 u_{n1} 和 u_{n2} 代入式(2-29)～式(2-32)中，即得到各支路电流。式(2-33)可写成如下形式：

$$\begin{cases} G_{11} u_{n1} + G_{12} u_{n2} = \sum_1 i_s \\ G_{21} u_{n1} + G_{22} u_{n2} = \sum_2 i_s \end{cases} \tag{2-34}$$

对照式(2-34)，可以看出节点方程有以下的规律性：

① G_{11} 称为节点 1 的自电导，它等于与节点 1 相连的各支路电导之和，恒取"正"；

② G_{22} 称为节点 2 的自电导，它等于与节点 2 相连的各支路电导之和，恒取"正"；

③ $G_{12}(G_{21})$ 称为节点 1、2 之间(2、1 之间)的互电导，它等于 1、2 两节点间各支路电导之和，恒取"负"；

④ 方程右端 $\sum_1 i_s$ 和 $\sum_2 i_s$ 分别为流入节点 1 和 2 的电流源代数和，流入取"正"，流出取"负"。

对于一个含有 n 个节点、b 条支路的一般电路，可对 $(n-1)$ 个独立节点列写节点电压方程

$$\begin{cases} G_{11} u_{n1} + G_{12} u_{n2} + \cdots + G_{1(n-1)} u_{n(n-1)} = \sum_1 i_s \\ G_{21} u_{n1} + G_{22} u_{n2} + \cdots + G_{2(n-1)} u_{n(n-1)} = \sum_2 i_s \\ \qquad \vdots \\ G_{(n-1)1} u_{n1} + G_{(n-1)2} u_{n2} + \cdots + G_{(n-1)(n-1)} u_{n(n-1)} = \sum_{n-1} i_s \end{cases} \tag{2-35}$$

利用节点电压法求解电路,既可以分析平面电路,也可以分析非平面电路,只要选定一个参考节点就可以按上述规则列写方程进行求解了。当电路中独立节点数少于独立回路数时,用节点电压法求解比较方便,特别是当电路只含两个节点时,如图 2-25 所示,求各支路电流,可以选择 b 为参考节点,则 a 点的节点电压方程为

$$\left(\frac{1}{R_1}+\frac{1}{R_2}+\frac{1}{R_3}\right)u_a=\frac{u_{s1}}{R_1}+\frac{u_{s2}}{R_2} \quad (2\text{-}36)$$

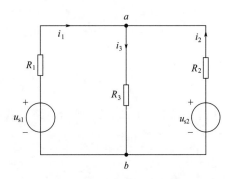

图 2-25　弥尔曼定理举例

$$u_a=\frac{\dfrac{u_{s1}}{R_1}+\dfrac{u_{s2}}{R_2}}{\dfrac{1}{R_1}+\dfrac{1}{R_2}+\dfrac{1}{R_3}}=\frac{G_1u_{s1}+G_2u_{s2}}{G_1+G_2+G_3}=\frac{\sum Gu_s}{\sum G}$$

$$(2\text{-}37)$$

此式称为弥尔曼定理。

【例 2-11】　如图 2-26 电路中,$u_{s1}=70\text{V}$,$u_{s2}=5\text{V}$,$u_{s3}=15\text{V}$,$u_{s4}=10\text{V}$,$R_1=5\Omega$,$R_2=R_3=10\Omega$,$R_4=5\Omega$,$R_5=3\Omega$,试用节点电压法求各支路电流。

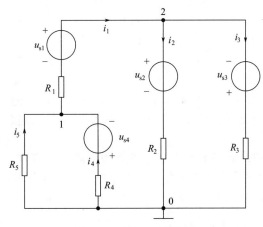

图 2-26　例 2-11 电路图

解:电路有三个节点,选节点 0 为参考节点,节点 1 和 2 的节点电压分别为 u_{n1}、u_{n2},列出节点电压方程为

节点 1:

$$\left(\frac{1}{R_1}+\frac{1}{R_4}+\frac{1}{R_5}\right)u_{n1}-\frac{1}{R_1}u_{n2}=-\frac{u_{s1}}{R_1}-\frac{u_{s4}}{R_4}$$

节点 2:

$$-\frac{1}{R_1}u_{n1}+\left(\frac{1}{R_1}+\frac{1}{R_2}+\frac{1}{R_3}\right)u_{n2}=\frac{u_{s1}}{R_1}+\frac{u_{s2}}{R_2}-\frac{u_{s3}}{R_3}$$

整理后,得

$$\begin{cases}\dfrac{11}{15}u_{n1}-\dfrac{1}{5}u_{n2}=-16\\[2mm]-\dfrac{1}{5}u_{n1}+\dfrac{2}{5}u_{n2}=13\end{cases}$$

解方程得

$$u_{n1}=-15\text{V},u_{n2}=25\text{V}$$

$$I_1 = \frac{u_{n1} - u_{n2} + u_{s1}}{R_1} = 6\mathrm{A}, I_2 = \frac{u_{n2} - u_{s2}}{R_2} = 2\mathrm{A}, I_3 = \frac{u_{n2} + u_{s3}}{R_3} = 4\mathrm{A},$$

$$I_4 = -\frac{u_{n1} + u_{s4}}{R_4} = 1\mathrm{A}, \ I_5 = -\frac{u_{n1}}{R_5} = 5\mathrm{A}$$

【例 2-12】 如图 2-27 所示电路，试用节点电压法求电流 i 和电压 u。

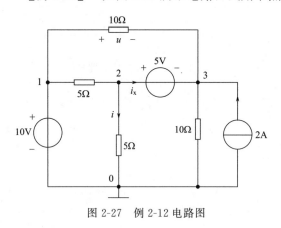

图 2-27 例 2-12 电路图

解：此电路含有两个无伴电压源（没有电阻与之串联），只能选择其中一个理想电压源的一端为参考点。设节点 0 为参考点，则 $u_{n1} = 10\mathrm{V}$ 为已知量，该节点的 KCL 方程可省去。设流过 5V 电压源的电流为 i_x，则列出节点电压方程及辅助方程为

$$节点\ 2：-\frac{1}{5}u_{n1} + (\frac{1}{5} + \frac{1}{5})u_{n2} = -i_x$$

$$节点\ 3：-\frac{1}{10}u_{n1} + (\frac{1}{10} + \frac{1}{10})u_{n3} = i_x + 2$$

辅助方程： $u_{n2} - u_{n3} = 5$

联立求解以上方程可得 $u_{n2} = 10\mathrm{V}, u_{n3} = 5\mathrm{V}$

故有 $u = u_{n1} - u_{n3} = 5\mathrm{V} \ , i = \frac{u_{n2}}{5} = 2\mathrm{A}$

综上所述，节点电压法的步骤归纳如下：

① 指定参考节点，其余节点与参考节点间的电压就是节点电压，节点电压均以参考节点为"一"极性。

② 列出节点电压方程。如果电路中有电压源和电阻串联组合，则要先等效变换成电流源和电阻并联组合；如果电路中含有无伴电压源支路，可将无伴电压源支路的一端设为参考点，则它的另一端的节点电压即为已知量，等于该电压源的电压或差一个符号，此节点的电压方程可省去。

③ 由节点电压方程解出节点电压，然后求出各支路电压或电流。

▓▓▓ **本章小结** ▓▓▓

本章介绍电阻电路等效变换的概念与方法。内容包括：电阻的串联、并联和混联；电阻的 Y 接与△接及 Y-△之间的等效变换；理想电源的串联、并联；实际电源模型及其等效变换等。本章还介绍了电路的分析方法，包括：支路电流法、网孔电流法及节点电压法。在本章的学习中应注意以下几个问题：

（1）从电路结构上讲，所谓几个电阻（或其他元件）串联，就是它们一个连一个，其中通过相同的电流；所谓几个电阻（或支路）并联，就是它们连在两个公共节点之间，并受到同一电压。

电阻串联起分压作用，电阻并联起分流作用；尤其要注意两个电阻串联的分压关系式和两个电阻并联的分流关系式。

（2）任何一个实际电源都可以等效为电压源或电流源这两种电路模型。两者对外部电路

等效反映在两者的外特性是一样的，但两者的电源内部则是不等效的。至于理想电压源和理想电流源，它们是不等效的。注意：理想电压源和理想电流源实际上并不存在，只是抽象出来的一种元件模型。

（3）所谓两个电路等效是指：

① 两个结构参数不同的电路在端子上有相同的电压、电流关系，因而可以互相置换。

② 置换的效果是不改变外电路（或电路中未被置换部分）中的电压、电流和功率。

由此得出电路等效变换的条件是：相互置换的两部分电路具有相同的伏安特性。等效的对象是外接电路（或电路未变化部分）中的电压、电流和功率。

（4）支路电流法以 b 个支路的电流为未知量，根据 KCL 可列写 $n-1$ 个节点电流方程，根据 KVL 可列写 $l=b-n+1$ 个回路电压方程，总共得到以支路电流为待求量的 b 个独立方程，联立求解。

（5）网孔电流法只适用于平面电路，以 m 个网孔电流为未知数，用网孔电流表示支路电流、支路电压，列 m 个网孔电压方程，联立求解。

网孔电压方程有如下普遍形式

$$R_{11}i_{m1} + R_{12}i_{m2} + \cdots + R_{1l}i_{mm} = \sum_{m1} u_s$$

$$R_{21}i_{m1} + R_{22}i_{m2} + \cdots + R_{2m}i_{mm} = \sum_{m2} u_s$$

$$\vdots$$

$$R_{m1}i_{m1} + R_{m2}i_{m2} + \cdots + R_{mm}i_{mm} = \sum_{mm} u_s$$

（6）任取一节点为参考点时，则电路有 $(n-1)$ 个节点电压未知数，用节点电压表示支路电压、支路电流，列 $(n-1)$ 个节点电流方程，联立求解。

节点电压方程有如下普遍形式

$$\begin{cases} G_{11}u_{n1} + G_{12}u_{n2} + \cdots + G_{1(n-1)}u_{n(n-1)} = \sum_1 i_s \\ G_{21}u_{n1} + G_{22}u_{n2} + \cdots + G_{2(n-1)}u_{n(n-1)} = \sum_2 i_s \\ \qquad\qquad\qquad \vdots \\ G_{(n-1)1}u_{n1} + G_{(n-1)2}u_{n2} + \cdots + G_{(n-1)(n-1)}u_{n(n-1)} = \sum_{n-1} i_s \end{cases}$$

习题2

2-1 有人打算将"220V、15W"和"220V、40W"两只白炽灯串联后，接在380V的电源上使用，是否可以？为什么？

2-2 试求图 2-28 所示电路 a、b 间的开路电压。

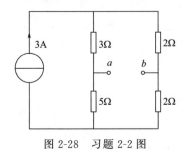

图 2-28 习题 2-2 图

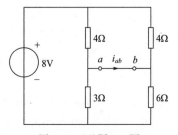

图 2-29 习题 2-3 图

2-3 试求图 2-29 所示电路的短路电流 i_{ab}。

2-4 试求图 2-30 所示电路的等效电阻。

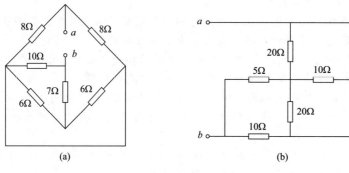

图 2-30 习题 2-4 图

2-5 试求图 2-31 所示电路的等效电阻。

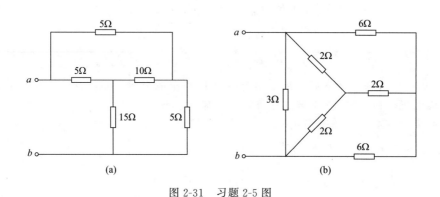

图 2-31 习题 2-5 图

2-6 如图 2-32 所示电路中，各电阻值均为 R，求电路的等效电阻 R_{ab}。

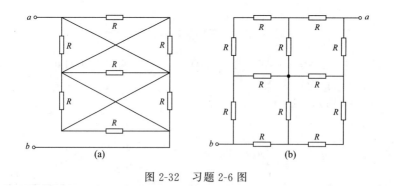

图 2-32 习题 2-6 图

2-7 求图 2-33 所示电路的等效电流源模型。

2-8 求图 2-34 所示电路的等效电压源模型。

2-9 试用等效变换法计算图 2-35 中 8Ω 电阻吸收的功率。

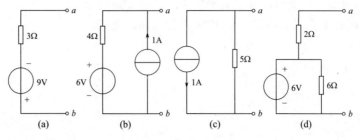

图 2-33　习题 2-7 图

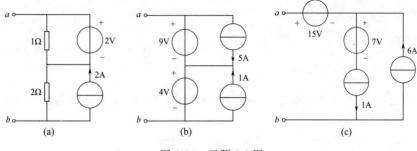

图 2-34　习题 2-8 图

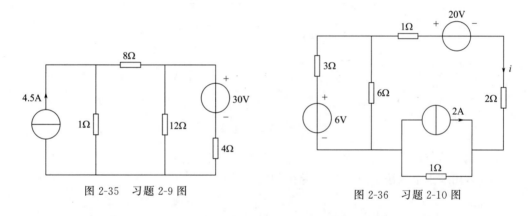

图 2-35　习题 2-9 图

图 2-36　习题 2-10 图

2-10　试用等效变换法计算图 2-36 电路中 2Ω 电阻中的电流 i。

2-11　试用支路电流法求图 2-37 电路中各支路的电流。已知 $I_{s1}=1A$，$U_{s2}=U_{s4}=1V$，$R_1=R_2=R_3=R_4=1Ω$。

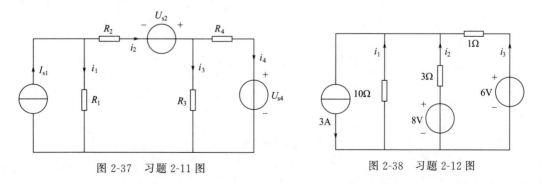

图 2-37　习题 2-11 图

图 2-38　习题 2-12 图

2-12　电路如图 2-38 所示，试用支路电流法求各支路电流。

2-13　试用网孔电流法求习题 2-11 电路中各支路的电流。

2-14　电路如图 2-39 所示，已知 $R_1=R_2=R_3=1\Omega$，$R_4=R_5=2\Omega$，$i_s=1A$，试用网孔电流法求各支路电流和电压 U。

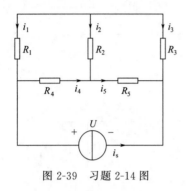

图 2-39　习题 2-14 图

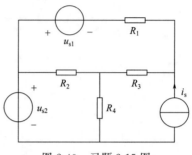

图 2-40　习题 2-15 图

2-15　列出用网孔电流法和节点电压法分析图 2-40 所示电路所需的方程组（不必求解）。

2-16　试用节点电压法求图 2-41 电路中各电阻电流 i_1、i_2、i_3。

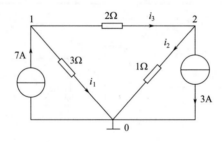

图 2-41　习题 2-16 图

2-17　试用节点电压法求习题 2-11 电路中各支路的电流。

2-18　试用节点电压法求图 2-42 电路中的电流 i。

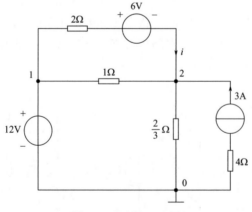

图 2-42　习题 2-18 图

第3章

电路的基本定理

> 【内容提要】 本章介绍一些重要的电路定理，如齐次定理、叠加定理、戴维南定理、诺顿定理、最大功率传输定理、互易定理。

3.1 齐次定理和叠加定理

由线性元件和独立电源组成的电路称为线性电路。电源未必是线性的，但只要电路的其他元件是线性的，电路的响应与激励之间就存在线性关系。线性关系包含"齐次性"和"叠加性"，通常称为"齐次定理"和"叠加定理"。我们首先介绍齐次定理，然后介绍叠加定理。

3.1.1 齐次定理

齐次定理也叫齐性定理，它是指在线性电路中，若只有一个电源作用，则电路上的响应与激励成正比。即当输入增大 k 倍时，输出也增大 k 倍。

若激励是电压源 u_s，响应是某支路电流 i，则有

$$i = ku_s$$

式中，k 为常数，它只与电路结构和元件参数有关，与激励无关。

【例 3-1】 电路如图 3-1 所示，试求电压 u_o。

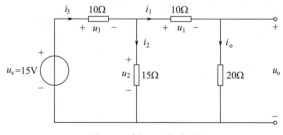

图 3-1 例 3-1 电路图

解：由图 3-1 可知，该电路是由独立电流源与线性电阻元件组成，属于线性电路。假设 $u_o = 1V$，根据欧姆定律及 KCL、KVL 定律，则有

$$i_o = i_1 = \frac{1}{20} = 0.05 \ \text{(A)}$$

$$u_2 = u_1 + u_o = 10i_1 + 20i_o = 1.5 \ \text{(V)}$$

$$i_2 = \frac{u_2}{15} = 0.1 \ \text{(A)}$$

$$i_3 = i_1 + i_2 = 0.15 \ \text{(A)}$$

$$u_s = u_3 + u_2 = 3 \ \text{(V)}$$

即当 $u_o = 1\text{V}$ 时，有 $u_s = 3\text{V}$，则根据线性电路的齐次特性可知：当 $u_s = 15\text{V}$ 时，$u_o = 5\text{V}$，所以，图 3-1 所示电路中的电压 u_s 等于 5V。

3.1.2 叠加定理

当一个电路中存在多个独立电源时，可以用前面介绍的支路电流法、网孔电流法和节点电压法去分析电路。除此之外，还可应用叠加定理分析电路。

如图 3-2(a) 所示为简单的线性电路。电流的参考方向如图 3-2(a) 所示，若求电流 i，可根据电源的等效变换的方法，将图 3-2(a) 所示的电路依次转变为图 3-2(b) 和图 3-2(c) 所示的电路。在图 3-2(c) 电路中，电阻 R 上的电流为

$$i = \frac{R_s}{R_s + R}\left(\frac{u_s}{R_s} + i_s\right) = \frac{u_s}{R_s + R} + \frac{R_s}{R_s + R}i_s$$

观察上式可以看出，i 由两部分组成，每一部分对应一个电源。第一项为电压源产生，第二项为电流源产生，由此引出叠加定理。

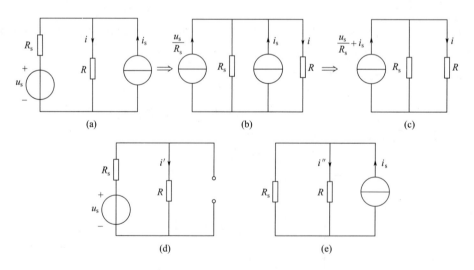

图 3-2 叠加定理

叠加定理可表述为：在线性电路中，任一元件上产生的电压或电流，可以看成各个独立源单独作用时，在该元件上产生的电压或电流的代数和。图 3-2（d）、（e）是图 3-2（a）叠加定理的分电路图，即 $i = i' + i''$，其中：

$$i' = \frac{u_s}{R_s + R}, \quad i'' = \frac{R_s}{R_s + R} i_s \text{。}$$

应用叠加定理时要注意以下几个问题：

① 叠加定理只适用于线性电路，不适用于非线性电路。

② 独立电源可以作为激励源，受控源不能作为激励源。

③ 在叠加的各分电路中，置零的独立电压源用短路代替，置零的独立电流源用开路代替，受控源保留在各分电路中，但其控制量和被控制量都有所改变。

④ 功率不是电压或电流的一次函数，因此不能用叠加定理计算。

⑤ 电路的响应是各独立电源单独作用的分量的代数和，与原电路中电压或电流的参考方向相同的分电压或分电流前为"＋"，方向相反的分量前为"－"。

⑥ 叠加的方式是任意的，可以一次使一个独立电源单独作用，也可以一次使几个独立电源同时作用，方式的选择应便于分析问题。

【例 3-2】 如图 3-3（a）所示电路中，试用叠加定理求 i_s 的值，使支路电流 $i = 0$。

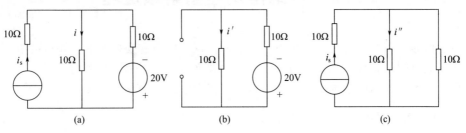

图 3-3　例 3-2 电路图

解：电压源单独作用时，电路如图 3-3（b）所示，有

$$i' = -\frac{20}{10 + 10} = -1 \text{（A）}$$

电流源单独作用时，电路如图 3-3（c）所示，有

$$i'' = i_s \frac{10}{10 + 10} = \frac{1}{2} i_s$$

依题意，并根据叠加定理

$$i = i' + i'' = -1 + \frac{1}{2} i_s = 0$$

可得
$$i_s = 2A$$

【例 3-3】 图 3-4 所示电路中，其中 N_0 为线性电阻网络。已知当 $u_s = 4V$，$i_s = 1A$ 时，响应 $u = 0$；当 $u_s = 2V$，$i_s = 0$ 时，响应 $u = 1V$。求：$u_s = 10V$，$i_s = 1.5A$ 时，u 的值。

解：根据齐次定理和叠加定理，有

$$u = k_1 u_s + k_2 i_s$$

根据已知条件，得

$$\begin{cases} 4k_1 + k_2 = 0 \\ 2k_1 + 0 = 1 \end{cases}$$

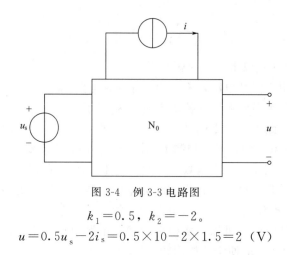

图 3-4　例 3-3 电路图

解得 $\qquad k_1=0.5,\ k_2=-2$。

因此 $\qquad u=0.5u_s-2i_s=0.5\times10-2\times1.5=2\ (\text{V})$

3.2　戴维南定理和诺顿定理

通过上面的学习可知，对于一个不含独立源，仅含电阻和受控源的一端口网络，可以通过化简用等效电阻来替代。那么，对于既含独立源又含有电阻和受控源的一端口，它的等效电路是什么？本节介绍的戴维南定理和诺顿定理将回答这个问题。

3.2.1　戴维南定理

电路中有时需要只分析一个支路的电流和电压，这样的问题常用戴维南定理和诺顿定理来解决。

戴维南定理：一个含有独立源、线性电阻和受控源的一端口，对外电路来说，可以用一个电压源和电阻的串联组合等效替代，此电压源电压等于一端口的开路电压，电阻等于一端口的全部电源置零后的输入电阻。

图 3-5（a）所示电路中，N_s 为含源一端口与外电路相连，根据戴维南定理，图 3-5（a）可以等效为图 3-5（b），u_{oc} 为 N_s 的开路电压，如图 3-5（c）所示。把 N_s 中的电源置零，即把电压源用短路替代，把电流源用开路替代，并用 N_0 表示。N_0 可用端口 a-b 的等效电阻 R_{eq} 表示，如图 3-5（d）所示。

应该注意的是，用一个电压源代替有源一端口网络，只是指它们对外电路的作用等效，它们对内电路的电流、电压和功率一般并不等值。

【例 3-4】 试用戴维南定理求图 3-6（a）所示电路中 1.2Ω 电阻的电流。

解：根据戴维南定理，电路中除了 1.2Ω 电阻以外，其他部分（虚线框）所构成的电路可以化简成一个电压源 u_{oc} 和电阻 R_{eq} 的串联组合，如图 3-6（b）所示。其中 u_{oc} 和 R_{eq} 可由图 3-6（c）和图 3-6（d）求出。

$$u_{oc}=6-\frac{6-4}{2+3}\times3=4.8\ (\text{V})$$

$$R_{eq}=2//3=1.2\ (\Omega)$$

$$i=\frac{u_{oc}}{R_{eq}+1.2}=\frac{4.8}{1.2+1.2}=2\ (\text{A})$$

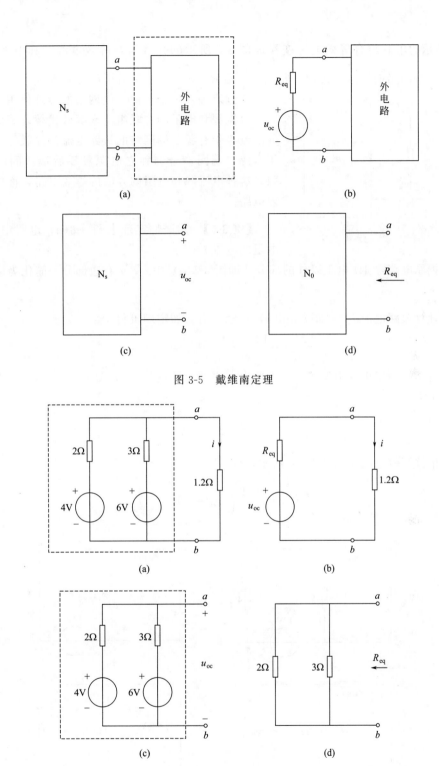

图 3-5　戴维南定理

图 3-6　例 3-4 电路图

3.2.2　诺顿定理

　　利用电压源和电阻的串联组合与电流源和电阻的并联组合间的等效变换公式，可把图

3-5(b) 所示的串联组合等效电源变换成图 3-7 所示的并联组合等效电源，其中 $i_{sc} = \dfrac{u_{oc}}{R_{eq}}$，它是有源二端网络的短路电流，并联电阻仍是 R_{eq}，于是得到诺顿定理如下：

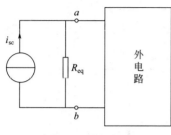

图 3-7　诺顿定理

诺顿定理：一个有源二端网络的对外作用，可以用一个电流源和电阻的并联组合来等效代替，等效电流源的电流等于有源二端网络的短路电流，并联等效电阻等于有源二端网络全部独立电源置零后端口间的等效电阻。这种电流源和电阻的并联的等效电路，称作诺顿等效电路。

【例 3-5】　用诺顿定理求图 3-8(a) 电路中流过 4Ω 电阻的电流 i。

解：把原电路除 4Ω 电阻以外的部分 [即图 3-8(a) 中 a、b 右边部分] 简化为诺顿等效电路。

（1）计算短路电流 i_{sc}，如图 3-8(b) 所示，由叠加定理可得

$$i_{sc} = \frac{24}{10} + \frac{12}{10//2} = 2.4 + 7.2 = 9.6 \text{（A）}$$

（2）将二端网络中的电源置零 [即此电路中电压源短路]，如图 3-8(c) 所示，求等效电阻 R_{eq}，可得

$$R_{eq} = \frac{10 \times 2}{10 + 2} = \frac{20}{12} = 1.67 \text{（Ω）}$$

（3）诺顿等效电路如图 3-8(d) 所示，则

$$i = 9.6 \times \frac{1.67}{4 + 1.67} = 2.78 \text{（A）}$$

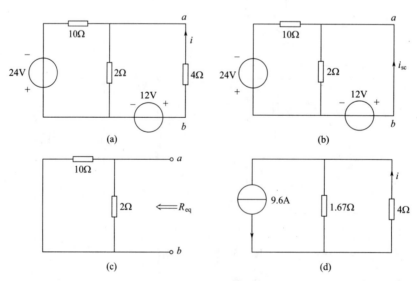

图 3-8　例 3-5 电路图

总之，戴维南定理和诺顿定理在电路分析中十分有用，如果要求电路中某一条支路的电压或电流，这时可将该支路从电路中移走，而将电路的其余部分视为一个有源一端口网络，

应用戴维南定理或诺顿定理将该有源一端口网络用相应的等效电路等效，从而把原电路简化为一个单回路或单节点电路，在此电路中计算待求支路的电压或电流就非常容易了。

因此，应用戴维南定理或诺顿定理分析电路的基本步骤可归纳为：

① 断开待求支路或局部网络，求出所余一端口有源网络的开路电压 u_{oc} 或短路电流 i_{sc}。

② 将一端口网络内所有独立源置零（电压源短路，电流源开路），求等效电阻 R_{eq}。

③ 将待求支路或局部网络接入等效后的戴维南等效电路或诺顿等效电路，求取待求量。

在这个过程中，开路电压和短路电流的求解用前面学过的方法即可解决，需要注意的是等效电阻的求解。归纳起来，其求解方法有以下几种：

① 纯电阻网络等效变换方法。若一端口网络为纯电阻网络（无受控源），则可利用电阻串联、并联和 Y-△ 转换等规律进行计算。

② 外加电源法。在无源一端口网络 N_0 的端口处施加电压源 u 或电流源 i，在端口电压和电流关联参考方向下，求得端口处电流 i（或电压 u），得等效电阻 $R_{eq} = \dfrac{u}{i}$。此法适用于任何线性电阻电路，尤其适用于含受控源二端网络的等效电阻的计算，如图 3-9 所示。

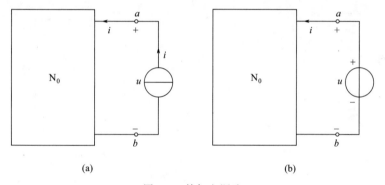

(a)　　　　　　　　　　　　(b)

图 3-9　外加电源法

③ 开路短路法。当求得有源一端口网络的开路电压 u_{oc} 后，把端口 ab 处短路，求出短路电流 i_{sc}（注意 u_{oc} 和 i_{sc} 参考方向对外电路一致，如图 3-10 所示），于是等效电阻 $R_{eq} = \dfrac{u_{oc}}{i_{sc}}$。此方法同样适用于任何线性电阻电路，尤其适用于含受控源的有源一端口网络的等效电阻的计算。需要注意的是，求 u_{oc} 和 i_{sc} 时，N_0 内所有独立源均应保留。

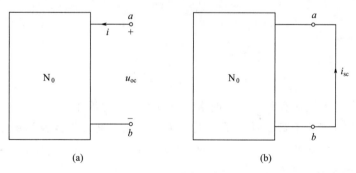

(a)　　　　　　　　　　　　(b)

图 3-10　开路短路法

3.3 最大功率传输定理

在许多实际应用中，经常设计一个电路向负载 R_L 提供能量。尤其是在通信领域，通过电信号传输信息或数据时，人们渴望传输尽可能多的功率到负载，这就是最大功率传输问题，是戴维南定理的一个重要应用。

在图 3-11(a) 电路中，N_s 为供给负载能量的含源一端口网络，可用戴维南等效电路来代替，如图 3-11(b) 所示。若接在 N_s 两端的负载的电阻阻值不同，其向负载传递的功率也不同，那么在什么情况下，负载获得的功率最大呢？如图 3-11(b) 所示，假设负载电阻 R_L 是可变的，其吸收的功率为

$$p = i^2 R_L = \left(\frac{u_{oc}}{R_{eq} + R_L} \right)^2 R_L \tag{3-1}$$

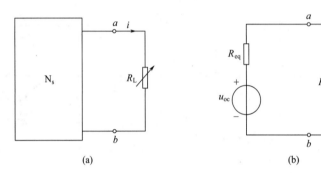

图 3-11　最大功率传输定理

当 $\dfrac{\mathrm{d}p}{\mathrm{d}R_L} = 0$ 时，p 获得最大值，即

$$\frac{\mathrm{d}p}{\mathrm{d}R_L} = \frac{(R_{eq} - R_L) u_{oc}^2}{(R_{eq} + R_L)^2} = 0$$

由此求得 p 获得极值的条件是

$$R_L = R_{eq} \tag{3-2}$$

由于

$$\left. \frac{\mathrm{d}^2 p}{\mathrm{d}R_L^2} \right|_{R_L = R_{eq}} = -\frac{u_{oc}^2}{8 R_L^2} < 0$$

所以式(3-2)是负载从有源一端口网络获得最大功率的条件。

最大功率传输定理：有源线性一端口网络传递给可变电阻负载 R_L 最大功率的条件是：负载 R_L 应与一端口网络的端口等效电阻 R_{eq} 相等。满足 $R_L = R_{eq}$ 条件时，称为最大功率匹配，此时负载获得的最大功率为

$$p_{max} = \frac{u_{oc}^2}{4 R_{eq}} \tag{3-3}$$

需要注意的是：

① 最大功率传输定理用于单口网络给定负载电阻可调的情况。如果负载电阻一定，而内阻可变，应该是内阻越小，负载获得的功率越大；当内阻为零时，负载获得的功率最大。

② 单口等效电阻消耗的功率一般并不等于端口内部消耗的功率，因此当负载获取最大功率时，电路的传输效率并不一定是50%。

③ 计算最大功率时，结合应用戴维南定理比较方便。

【例 3-6】　如图 3-12(a) 所示电路中，当 R_L 为何值时能取得最大功率？该最大功率为多少？

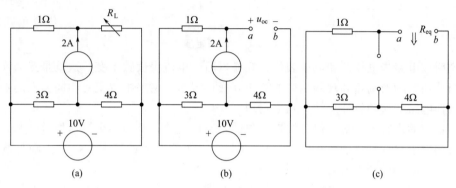

图 3-12　例 3-6 电路图

解：(1) 断开电阻 R_L，支路如图 3-12(b) 所示，求开路时的电压 u_{oc}。

$$u_{oc}=10+2\times1=12 \ (\text{V})$$

(2) 将独立源置零，如图 3-12(c) 所示，求等效电阻 R_{eq}。

$$R_{eq}=1\Omega$$

(3) 根据最大功率传输定理可知，当 $R_L=R_{eq}=1\Omega$ 时，负载可获得最大功率，其最大功率为

$$P_{max}=\frac{u_{oc}^2}{4R_{eq}}=\frac{12^2}{4\times1}=36 \ (\text{W})$$

3.4　互易定理

互易定理描述一类特殊的线性电路的互易性质，广泛应用于网络的灵敏度分析、测量技术等方面。先看一个例子，如图 3-13 (a) 所示电路中，只含一个独立源，无受控源，在 3Ω 支路中串入一个电流表，不难算出其 3Ω 支路电流（即电流表读数）为

$$i_1=\frac{24}{4+3//6}\times\frac{6}{3+6}=\frac{8}{3} \ (\text{A})$$

现将 24V 电压源和电流表的位置互换一下，如图 3-13 (b) 所示。计算 4Ω 支路电流（即电流表读数）为

$$i_2 = \frac{24}{4//6+3} \times \frac{6}{6+4} = \frac{8}{3} \text{ (A)}$$

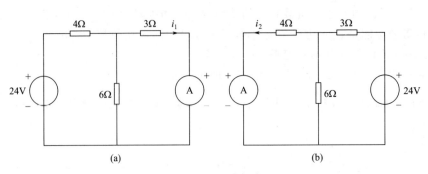

(a)　　　　　　　　　(b)

图 3-13　互易定理

这说明该电路当电压源和电流表位置互换以后，电流表读数不变，这就是互易性。互易性表明当外加激励的端钮和观测响应的端钮互换位置时，网络不改变对相同输入的响应。因此，把线性电路的这种特性总结为互易定理。

互易定理的内容为：对于仅含线性电阻的二端口电路，其中一个端口加激励源，另一个端口作为响应端口（所求响应在该端口），在只有一个激励源的情况下，当激励与响应互换位置时，同一激励所产生的响应相同。

定理内容中的"二端口电路"是指具有两个端口的电路，而每个端口的一对端钮进出电流相等。

根据激励源与响应变量的不同，互易定理有以下 3 种形式：

（1）形式一：图 3-14 所示电路，N 中只含有线性电阻，当端口 1-1′接入电压源 u_s 时，在 2-2′则端口的响应为短路电流 i_2；若将激励源移到端口 2-2′，则在端口 1-1′的响应为短路电流 i_1'。在图 3-14 所示电压、电流参考方向条件下，有

$$i_2 = i_1' \tag{3-4}$$

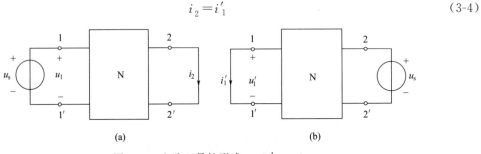

(a)　　　　　　　　　(b)

图 3-14　电路互易性形式一（$i_1' = i_2$）

（2）形式二：图 3-15 所示电路，N 中只有线性电阻，当端口 1-1′接入电流源 i_s 时，在

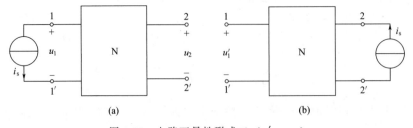

(a)　　　　　　　　　(b)

图 3-15　电路互易性形式二（$u_1' = u_2$）

2-2′端口的响应为开路电压 u_2；若将激励源移到端口 2-2′，则在端口 1-1′的响应为开路电压 u_1'。在图 3-15 所示电压、电流参考方向条件下，有

$$u_2 = u_1' \tag{3-5}$$

（3）形式三：图 3-16 所示电路，N 中只有线性电阻，当端口 1-1′接入电压源 u_s 时，在 2-2′的响应为开路电压 u_2；若在 2-2′端口接入电流源 i_s，则在 1-1′端口的响应为短路电流 i_1'。在图 3-16 所示电压、电流参考方向条件下，有

$$\frac{u_2}{u_s} = \frac{i_1'}{i_s} \tag{3-6}$$

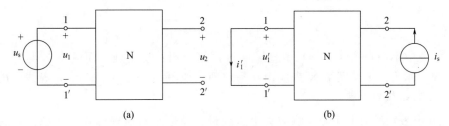

图 3-16　电路互易性形式三

互易定理可用网孔法或其他定理加以证明，本书从略，感兴趣的读者可参考其他教材和资料自行证明。

【例 3-7】　如图 3-17 所示电路，N 中只含线性电阻。已知当 $u_1 = 3V$，$u_2 = 0$ 时，$i_1 = 1A$，$i_2 = 2A$，求当 $u_1 = 9V$，$u_2 = 6$ V 时，i_1 的值。

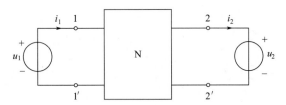

图 3-17　例 3-7 电路图

解：图 3-17 所示的电路图中有两个激励，必须应用叠加定理和互易定理求响应 i_1。已知 $u_1 = 3V$，$u_2 = 0$ 时，可画出电路如图 3-18(a) 所示（对应互易定理形式一电路）。

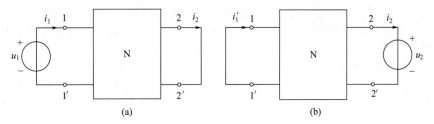

图 3-18　例 3-7 求解电路图

其中，$u_1 = 3V$，$i_1 = 1A$，$i_2 = 2A$。

由电路的齐次性，当 $u_1 = 9V$，$u_2 = 0$ 时，$i_1 = 3A$。

根据互易定理，将图 3-18(a) 电路转换为图 3-18(b) 所示电路，当 $u_2 = 3$ V 时，$i_1 = -2A$。由电路的齐次性，当 $u_2 = 6$ V，$i_1' = -4A$。

根据叠加定理 $u_1 = 9V$，$u_2 = 6$ V 时，可得

$$i_1 = 3 - 4 = -1 \text{（A）}$$

【例 3-8】   如图 3-19（a）所示电路，N 为线性无源电阻网络，若 $u_s = 100\text{V}$ 时，$u_2 = 20\text{V}$，求当电路改为图 3-19（b）时的电流 i。

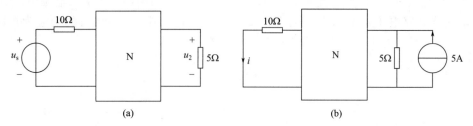

图 3-19   例 3-8 电路图

解：本题中不能在图 3-19(a) 中直接对 N 网络应用互易定理，而应将 N 与其外接的两个电阻一起，作为一个新网络 N′来应用互易定理，如图 3-20 所示。其中，虚线框内为新网络 N′，仍然满足互易定理。

图 3-20 中激励源为电压源，响应为电压变量，满足互易定理形式三的条件，故可将其互换位置，并将电压源 u_s 改成 5A 电流源，即为图 3-19（b）所示。

应用互易定理形式三，可得

$$\frac{20}{100} = \frac{i}{5}$$

故电流 $i = 1\text{A}$

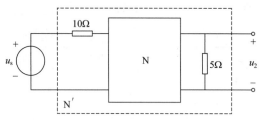

图 3-20   例 3-8 求解电路图

应用互易定理时，需要注意以下几点：

① 互易定理一般只是针对线性电阻网络而提出的。该定理只适用于一个独立电源作用下的线性互易网络，对其他网络一般不适用。

② 互易前后应保持网络的结构及参数不变。在定理形式一和形式二中，只需要将激励和响应位置互易即可，但在形式三中，除了互易位置外，还需要将电压源改为电流源，电压响应改为电流响应。

③ 以上 3 种形式中，特别要注意激励支路的参考方向。对于形式一和形式二，两个电路激励支路电压、电流的参考方向一致，即要关联都关联，要非关联都非关联；对于形式三，两个电路激励支路电压、电流的参考方向不一致，即一个电路的激励支路关联，而另一电路的激励支路一定要非关联。

本章小结

本章主要介绍分析电路的几个重要定理。

（1）叠加定理只适用于线性电路。叠加定理指出，在线性电路中，若有 n 个独立电源同时作用在某一支路上，所产生的电流或电压等于各个独立电源单独作用（此时其他独立源均为零值）时，在该支路上所产生的电流或电压的代数和。

（2）戴维南定理，任何线性有源一端口网络，总可以用电压源与电阻的串联支路来等效。电压源的电压等于原有源一端口网络的开路电压；串联电阻等于原有源一端口网络所有独立电源均为零值时在其端口所得的等效电阻。

（3）诺顿定理，任何线性有源一端口网络，总可以用电流源与电阻的并联组合来等效。电流源的电流等于原有源一端口网络在端口处的短路电流；其并联电阻等于原有源一端口网络所有独立电源均为零值时，当端口开路时在端口处的等效电阻。

当有源一端口网络除含独立源外，还含有受控源，这时，等效电源定理仍成立。只是计算开路电压或短路电流时，控制量应随着端口是开路或短路做相应改变。但在求等效电阻时，不能用电阻串、并联公式来计算，只能用：①根据外施电压 u，求出 i-u 关系式，由 $R_{eq}=u/i$ 而得；②求出端口电路电压 u_{oc} 和短路电流 i_{sc} 后，由 $R_{eq}=u_{oc}/i_{sc}$ 求得。

（4）最大功率传输定理：对于一个给定的线性含源一端口网络 N_s，设其戴维南等效电路中的参数为 u_{oc} 和 R_{eq}，若接上可变负载电阻 R_L，则当 $R_L=R_{eq}$ 时，负载电阻 R_L 从 N_s 获得的功率最大。

（5）互易定理描述一类特殊的线性电路的互易性质，广泛应用于网络的灵敏度分析、测量技术等方面，其内容为：对于仅含线性电阻的二端口电路 N，其中一个端口加激励源，另一个端口作为响应端口（所求响应在该端口），在只有一个激励源的情况下，当激励与响应互换位置时，同一激励所产生的响应相同。

习题3

3-1　试用叠加定理求图 3-21 中 6Ω 电阻的电压 U。

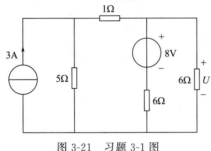

图 3-21　习题 3-1 图

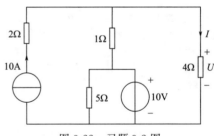

图 3-22　习题 3-2 图

3-2　试用叠加定理求图 3-22 中 4Ω 电阻的电压 U 和电流 I。

3-3　试用叠加定理求图 3-23 中，6Ω 电阻的电流 I。

3-4　试用叠加定理求图 3-24 中的电流 I。

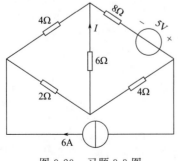

图 3-23　习题 3-3 图

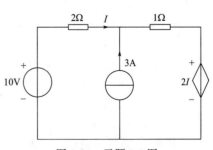

图 3-24　习题 3-4 图

3-5　电路如图 3-25 所示，求端口 ab 的戴维南等效电路和诺顿等效电路。

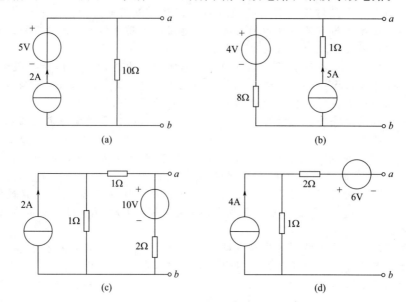

图 3-25　习题 3-5 图

3-6　试用戴维南定理求习题 3-1 中 6Ω 电阻的电压 U。

3-7　试用戴维南定理求习题 3-1 中 4Ω 电阻的电压 U 和电流 I。

3-8　电路如图 3-26 所示，求端口 ab 的戴维南等效电路和诺顿等效电路。

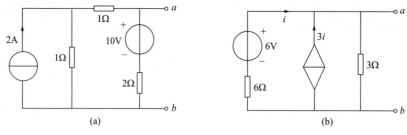

图 3-26　习题 3-8 图

3-9　试用戴维南定理求习题 3-3 中，6Ω 电阻的电流 I。

3-10　如图 3-27 所示电路，求 R_L 为何值时，它能获得最大功率，此最大功率是多少？

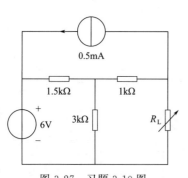

图 3-27　习题 3-10 图

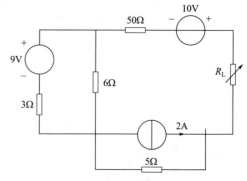

图 3-28　习题 3-11 图

3-11　如图 3-28 所示电路，求 R_L 为何值时，它能获得最大功率，此最大功率是多少？

3-12　如图 3-29 所示电路，求 R_L 为何值时，它能获得最大功率，此最大功率是多少？

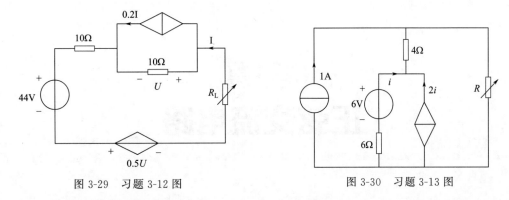

图 3-29　习题 3-12 图　　　　　　　　　　图 3-30　习题 3-13 图

3-13　如图 3-30 所示电路，求 R_L 为何值时，它能获得最大功率，此最大功率是多少？

3-14　试用互易定理求图 3-31 所示电路中的 i。

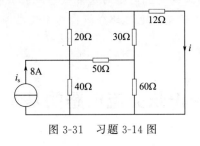

图 3-31　习题 3-14 图

第4章

正弦交流电路

【内容提要】 本章介绍正弦交流电路的基本概念及正弦量的相量表示法；介绍单一参数元件的正弦交流电路，正弦交流电路的分析、功率及功率因数的提高；最后介绍交流电路的谐振。

4.1 正弦交流电路的基本概念

前几章我们介绍的直流电路中，电流、电压的大小和方向是不随时间变化的，但工农业生产和日常生活中更广泛使用的是大小和方向随时间按一定周期性变化的交变电流，简称"交流"。当电路中的电压、电流均随时间按正弦函数规律变化时，称这种电路为"正弦交流电路"。

正弦交流电之所以得到广泛的应用，是因为它有许多特殊的优点。例如交流电可以利用变压器按照人们的意愿改变电压，使之便于输送、分配和使用；又如交流电机在结构和制造上都比直流电机简单、经济和耐用，所以，分析和讨论正弦交流电路具有重要的意义。

在正弦交流电路中，电压和电流是随时间按正弦规律变化的周期量，称为正弦量。我们以电流为例，来说明正弦量的特征。

设正弦电流的数学表达式为

$$i = I_m \sin(\omega t + \Psi_i) \tag{4-1}$$

式（4-1）的波形图如图 4-1 所示，其中 I_m、ω、Ψ_i 为常数，时间 t 为变化量。

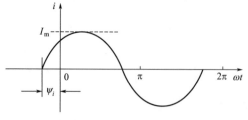

图 4-1　正弦电流波形

由式（4-1）可以看出，对正弦电流 i 来说，如果 I_m、ω、Ψ_i 已知，则它与时间 t 的关系就是唯一确定的。因此，我们把 I_m（最大值）、ω（角频率）、Ψ_i（初相）称为正弦交流电的"三要素"。

4.1.1 交流电路的周期、 频率和角频率

正弦量变化一次所需的时间称为周期，用字母 T 表示，单位是秒（s）。正弦量每秒内变化的次数称为频率，用字母 f 表示，单位赫兹（Hz）。从定义可知，周期与频率互为倒数，即

$$f = \frac{1}{T} \tag{4-2}$$

我国电力系统采用 50Hz 作为标准频率，又称工业频率，简称工频。有些国家的标准频率是 60Hz，如美国、日本等。

在式（4-1）中，ω 是正弦量在每秒内变化的弧度，称为角频率，单位为弧度每秒（rad/s）。周期、频率、角频率的关系为

$$\omega = \frac{2\pi}{T} = 2\pi f \tag{4-3}$$

式（4-2）和式（4-3）表明，周期、频率和角频率都是说明正弦交流电变化快慢的物理量；三个量中只要知道一个，便可以求出其他两个量。

4.1.2 交流电路的瞬时值、 最大值、 有效值

正弦量在任意瞬间的值，称为瞬时值，用小写字母表示，如 u、i、e 分别表示电压、电流、电动势的瞬时值。

正弦量在整个变化过程中所能达到的极值称为最大值，又称幅值。它确定了正弦量变化的范围，用大写字母加下标 m 表示，如 U_m、I_m、E_m 分别表示正弦电压、电流、电动势的最大值。

正弦量的瞬时值是随时间而变化的，因此不能代表整个正弦量的大小；最大值只能代表正弦量达到极值一瞬间的大小，同样不适合表征正弦量的大小，在工程技术中我们通常需要一个特定值来表征正弦量的大小。

由于正弦电流（电压）和直流电流（电压）作用于电阻时都会产生热效应，因此考虑根据其热效应来确定正弦量的大小。一个正弦交流电流和一个直流电流，在相等的时间 t 内通过同一电阻 R 所产生的热量相同，则这个直流电流值就称为该交流电流的有效值，用大写字母表示，如 I、U、E 分别表示正弦电流、电压、电动势的有效值。

正弦电流 i 在一个周期 T 内，通过电阻 R 时所产生的热量为

$$Q_1 = 0.24 \int_0^T i^2 R \, \mathrm{d}t$$

某直流电流 I 在相同的时间 T 内通过同一电阻 R 时所产生的热量为

$$Q_2 = 0.24 I^2 RT$$

当 $Q_1 = Q_2$ 时，得

$$\int_0^T i^2 R \, \mathrm{d}t = I^2 RT$$

由上式可得

$$I = \sqrt{\frac{1}{T} \int_0^T i^2 \, dt} \qquad (4-4)$$

这就是交流电的有效值。

由式（4-4）可知：正弦交流电流的有效值为它在一个周期内的方均根值，同样也可以得到交流电压、交流电动势的有效值为

$$U = \sqrt{\frac{1}{T} \int_0^T u^2 \, dt} \,, \quad E = \sqrt{\frac{1}{T} \int_0^T e^2 \, dt}$$

把 $i = I_m \sin\omega t$ 代入式(4-4)，得

$$I = \sqrt{\frac{1}{T} \int_0^T I_m^2 \sin^2 \omega t \, dt} = \frac{I_m}{\sqrt{2}} = 0.707 I_m$$

即

$$I_m = \sqrt{2} \, I$$

与此类似，正弦交流电压、电动势的有效值与最大值的关系为

$$U_m = \sqrt{2} U \qquad (4-5)$$

$$E_m = \sqrt{2} E \qquad (4-6)$$

由此可见，正弦交流电的最大值等于其有效值的 $\sqrt{2}$ 倍。因此，我们可以把正弦量 i 改写为

$$i = \sqrt{2} \, I \sin (\omega t + \Psi_i) \qquad (4-7)$$

可见，我们也可以用 I、ω、Ψ_i 来表示正弦交流电的"三要素"。一般的交流电压表和电流表的读数指的就是有效值，电气设备标牌上的额定值等都是有效值。但是，电气设备与电子器件的耐压是按最大值选取的，否则，当设备的交流电流（电压）达到最大值时，设备就有被击穿损坏的危险。

4.1.3　交流电路的相位、初相位、相位差

在式（4-7）中，随时间变化的角度 $(\omega t + \Psi_i)$ 称为正弦交流电的相位，或相位角，它反映了正弦交流电随时间变化的进程。其中，Ψ_i 是正弦量在 $t = 0$ 时的相位，称为初相位，简称初相，其单位用弧度或度来表示，取值范围为 $|\Psi_i| \leqslant \pi$。

在正弦交流电路中，两个同频率正弦量相位之差称为相位差，用字母 φ 表示。例如，设两个同频率正弦量为

$$u = U_m \sin(\omega t + \Psi_u)$$

$$i = I_m \sin(\omega t + \Psi_i)$$

则它们的相位差 φ 为

$$\varphi = (\omega t + \Psi_u) - (\omega t + \Psi_i) = \Psi_u - \Psi_i \qquad (4-8)$$

可见，两个同频率正弦量的相位差等于它们的初相之差，通常情况下，$|\varphi| \leqslant \pi$。

相位差的存在，表示两个同频率正弦量的变化进程不同，根据 φ 的不同有以下几种变

化进程：

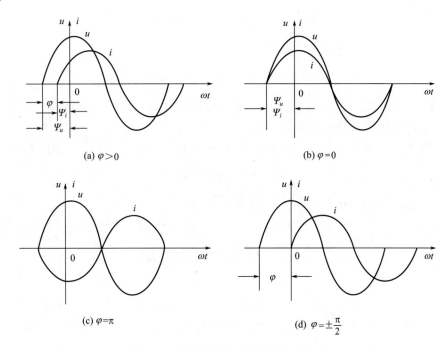

图 4-2　两个同频率正弦量的相位关系

当 $\varphi > 0$，即 $\Psi_u > \Psi_i$ 时，在相位上电压 u 比电流 i 先达到最大值，称电压超前电流 φ 角，或称电流滞后电压 φ 角，如图 4-2（a）所示。

当 $\varphi = 0$，即 $\Psi_u = \Psi_i$ 时，表示两个正弦量的变化进程相同，称电压 u 与电流 i 同相，如图 4-2（b）所示。

当 $\varphi = \pm\pi$ 时，表示两个正弦量的变化进程相反，称电压 u 与电流 i 反相，如图 4-2（c）所示。

当 $\varphi = \pm\dfrac{\pi}{2}$ 时，表示两个正弦量的变化进程相差 90°，称电压 u 与电流 i 正交，如图 4-2（d）所示。

应当注意，以上关于相位关系的讨论，只是针对相同频率的正弦量来说的；两个不同频率的正弦量的相位差是随时间变化的，不是常数，在此讨论其相位关系是没有意义的。

【例 4-1】　有一正弦交流电压，频率 50Hz，最大值为 220V，当 $t = 0$ 时，其瞬时值为 190.52V，试写出其瞬时值的表达式。

解：设该电压的瞬时值表达式为

$$u = U_\text{m} \sin (\omega t + \Psi_u)$$

当 $t = 0$ 时，其电压为 190.52V，最大值为 220V，则

$$190.52 = 220 \sin \Psi_u$$

则

$$\Psi_u = 60° \text{或} 120°$$

又因为

$$\omega = 2\pi f = 2\pi \times 50 = 314 \mathrm{rad/s}$$

因此，正弦交流电压瞬时值表达式为

$$u = 220\sin(314t + 60°)\mathrm{V} \text{ 或 } u = 220\sin(314t + 120°)\mathrm{V}$$

【例 4-2】 某两个正弦电流分别为 $i_1 = 3\sin(\omega t + 75°)\mathrm{A}$，$i_2 = 5\sin(\omega t - 45°)\mathrm{A}$，试求两者的相位差，并说明两者的相位关系。

解：i_1 的初相位 $\varPsi_1 = 75°$，i_2 的初相位 $\varPsi_2 = -45°$，所以 i_1 与 i_2 的相位差为

$$\varphi = \varPsi_1 - \varPsi_2 = 30°$$

所以，i_1 超前 i_2 为 30°，或者说 i_2 滞后 i_1 为 30°。

4.2 正弦量的相量

我们对同频率的正弦交流电路进行分析计算时，正弦量可以用正弦函数及其波形图直观地表示出来。但是，利用这两种方法来分析计算电路，运算将会十分繁琐，特别是多参数或较复杂的电路，用这种方法计算就更加困难了。为此，我们引入了"相量法"的概念，把三角函数运算简化为复数形式的代数运算，极大地简化了正弦交流电路的分析计算过程。相量法是以复数和复数的运算为基础的，为此我们首先复习一下数学中有关复数的基础知识。

4.2.1 复数

1）复数的四种形式

（1）复数的代数形式。设 A 为一个复数，则其代数形式为

$$A = a + \mathrm{j}b$$

式中 a、b 是任意实数，分别是复数的实部和虚部；$\mathrm{j} = \sqrt{-1}$ 为虚数单位。虚数单位在数学中用 i 表示，在电工技术中，为了与电流 i 相区别，则用 j 来表示虚数单位。

复数 A 也可以用复平面内的一条有向线段来表示，如图 4-3 所示，线段的长度用 r 表示，称为复数 A 的模，其与实轴方向的夹角用 φ 表示，称为复数 A 的辐角。

$$r = \sqrt{a^2 + b^2}, \quad \varphi = \arctan\frac{b}{a} \tag{4-9}$$

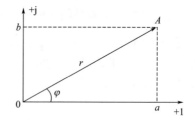

图 4-3 复数的表示方法

（2）复数的三角函数形式。

由式（4-9）得

$$a = r\cos\varphi, \quad b = r\sin\varphi$$

则有

$$A = r\cos\varphi + \mathrm{j}r\sin\varphi = r(\cos\varphi + \mathrm{j}\sin\varphi)$$

根据欧拉公式 $\mathrm{e}^{\mathrm{j}\varphi} = \cos\varphi + \mathrm{j}\sin\varphi$，可以得出复数的指数形式。

（3）复数的指数形式。复数的指数形式为

$$A = r e^{j\varphi}$$

（4）复数的极坐标形式。复数的极坐标形式为

$$A = r/\underline{\varphi}$$

以上是复数的四种形式，它们之间可以互相转换。

2）复数的运算

（1）复数的加减运算。复数的加减运算一般采用代数形式和三角函数形式，即复数的实部与实部相加减；虚部与虚部相加减。例如

$$A_1 = a_1 + jb_1$$

$$A_2 = a_2 + jb_2$$

则

$$A_1 \pm A_2 = (a_1 \pm a_2) + j(b_1 \pm b_2)$$

复数的加减运算也可以在复平面内用平行四边形法则作图来完成，如图 4-4 所示。

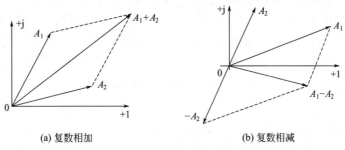

(a) 复数相加　　　　　　　　　　(b) 复数相减

图 4-4　复数的加减运算

【例 4-3】　已知复数 $A_1 = 3 + j4$ 和 $A_2 = 5e^{j30°}$，求 $A_1 + A_2$ 和 $A_1 - A_2$。

解：将复数 A_2 化成代数形式

$$A_2 = 5e^{j30°} = 4.33 + j2.5$$

$$A_1 + A_2 = 3 + j4 + 4.33 + j2.5 = 7.33 + j6.5$$

$$A_1 - A_2 = 3 + j4 - 4.33 - j2.5 = -1.33 + j1.5$$

（2）复数的乘除运算。复数的乘除运算一般采用指数形式和极坐标的形式进行。当两个复数相乘时，其模相乘，辐角相加；当两个复数相除时，其模相除，辐角相减。

例如

$$A_1 = r_1 e^{j\varphi_1}$$

$$A_2 = r_2 e^{j\varphi_2}$$

则

$$A_1 A_2 = r_1 r_2 e^{j(\varphi_1 + \varphi_2)}$$

$$\frac{A_1}{A_2} = \frac{r_1}{r_2} e^{j(\varphi_1 - \varphi_2)}$$

注意：复数的虚数单位 j，常有如下关系

$$j^2 = -1, \ j^3 = -j, \ j^4 = 1, \ j^{-1} = \frac{1}{j} = -j$$

另外，j 与 90°辐角之间的关系为

$$j = \cos 90° + j\sin 90° = e^{j90°} = \underline{/90°}$$

$$-j = \cos 90° - j\sin 90° = e^{-j90°} = \underline{/-90°}$$

【例 4-4】 已知复数 $A_1 = 3 + j4$ 和 $A_2 = 5e^{j30°}$，求 $A_1 A_2$ 和 $\dfrac{A_1}{A_2}$。

解：将复数 A_1 化成指数形式

$$A_1 = 3 + j4 = 5e^{j53.1°}$$
$$A_1 A_2 = 5e^{j53.1°} \times 5e^{j30°} = 25e^{j83.1°}$$
$$\frac{A_1}{A_2} = \frac{5e^{j53.1°}}{5e^{j30°}} = e^{j23.1°}$$

4.2.2 正弦量的相量表示法

一个正弦量是由其有效值（最大值）、角频率、初相位来决定的。在分析线性电路时，正弦激励和响应均为同频率的正弦量，因此，我们可以频率这一要素作为已知量，这样，正弦量就可以由有效值（最大值）、初相位来决定了。由复数的指数形式可知，复数也有两个要素，即复数的模和辐角。这样就可以将正弦量用复数来描述，用复数的模表示正弦量的大小，用复数的辐角表示正弦量的初相位，这种用来表示正弦量的复数称为正弦量的相量。

例如，正弦电流 $i = I_m \sin(\omega t + \varphi_i)$，其最大值相量形式为 $\dot{I}_m = I_m e^{j\varphi_i}$，其有效值相量形式为 $\dot{I} = I e^{j\varphi_i}$。可见，正弦量与表示正弦量的相量是一一对应的关系。

为了与一般的复数相区别，用来表示正弦量的复数用大写字母上加"·"表示。

相量是一个复数，它在复平面上的图形称为相量图。画在同一个复平面上表示各正弦量的相量，其频率相同。因此，在画相量图时应注意，相同的物理量应成比例，另外还要注意各个正弦量之间的相位关系。比如，正弦电流

$$i_1 = 4\sqrt{2}\sin(314t + 60°)\text{V}$$
$$i_2 = 3\sqrt{2}\sin(314t - 25°)\text{V}$$

其有效值相量分别为 $\dot{I}_1 = 4e^{j60°}\text{A}$，$\dot{I}_2 = 3e^{-j25°}\text{A}$，两者的相位差为 $\varphi = \Psi_1 - \Psi_2 = 85°$，如图 4-5 所示。

需要注意的是，正弦量是时间的函数，而相量并非时间的函数；相量可以表示正弦量，但不等于正弦量；只有同频率的正弦量才能画在同一个相量图上，不同频率的正弦量不能画在同一个相量图上，也无法用相量来进行分析计算。

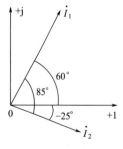

图 4-5 相量图

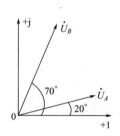

图 4-6 例 4-5 相量图

【例 4-5】 试写出正弦量 $u_A = 220\sin(\omega t + 20°)\text{V}$，$u_B = 380\sin(\omega t + 70°)\text{V}$ 的相量，并画出相量图。

解：u_A 对应的有效值相量为 $\qquad\qquad \dot{U}_A = 220\text{e}^{\text{j}20°}\text{V}$

u_B 对应的有效值相量为 $\qquad\qquad \dot{U}_B = 380\text{e}^{\text{j}70°}\text{V}$

相量图如图 4-6 所示。

【例 4-6】 已知正弦量，$i_1 = 10\sqrt{2}\sin(314t + 53.2°)\text{A}$，$i_2 = 10\sqrt{2}\sin(314t + 36.8°)\text{A}$，试求 $i = i_1 + i_2$。

解：i_1 对应的有效值相量为

$$\dot{I}_1 = 10\text{e}^{\text{j}53.2°}\text{A}$$

i_2 对应的有效值相量为

$$\dot{I}_2 = 10\text{e}^{-\text{j}36.8°}\text{A}$$

$$\dot{I} = \dot{I}_1 + \dot{I}_2 = 14 + \text{j}14 = 14\sqrt{2}\,\text{e}^{\text{j}45°}$$

其对应的正弦量为

$$i = 28\sin(314t + 45°)\text{A}$$

4.3　电阻、电感、电容元件的正弦交流电路

电阻、电感、电容作为电路组成的基本元件，它们在电路中所反映的性质与结果有较大的关系，特别是在交流电路中，了解它们的基本性质有着重要的意义。

严格地说，任何实际电路元件都同时具有电阻 R、电感 L、电容 C 三种参数。然而在一定条件下，如某一频率的正弦交流电作用时，某一参数的作用最为突出，其他参数的作用微乎其微，甚至可以忽略不计时，就可以近似地把它视为只具有单一参数的理想电路元件。例如：一个线圈，在稳恒的直流电路中可以把它视为电阻元件；在交流电路中，当其电感的特性大大超过其电阻的特性时，就可以近似地把它看作一个理想的电感元件；但如果交流电的频率较高，则该线圈的匝间电容就不能忽略，它也就不能只看作一个理想的电感元件，而应该当作电感和电容两个元件的组合。各种实际电路，都可以用单一参数电路元件组合而成的电路模型来模拟。这就是我们研究单一参数电路元件在电路中的作用的意义所在。

4.3.1　电阻元件的正弦交流电路

1）电压与电流的关系

如图 4-7 所示为电阻元件的正弦交流电路。设在关联参考方向下，任意瞬时在电阻 R 两端施加电压为

$$u_R = \sqrt{2}\,U_R\sin\omega t\ \text{V}$$

根据欧姆定律，通过电阻 R 的电流为

$$\dot{I}_L = I_L \underline{/0°} \tag{4-10}$$

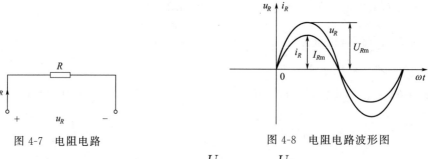

图 4-7　电阻电路　　　　　　　　图 4-8　电阻电路波形图

$$\Psi_u = \Psi_i = 0, \quad I_{Rm} = \frac{U_{Rm}}{R}, \quad I_R = \frac{U_R}{R}$$

可见，在电阻元件的交流电路中，通过电阻的电流 i_R 与其电压 u_R 是同频率、同相位的两个正弦量，其波形如图 4-8 所示；电压与电流的瞬时值、有效值、最大值之间均符合欧姆定律。

我们用相量的形式来分析电阻电路，其相量模型如图 4-9（a）所示。将电阻元件的电压和电流用相量形式表示有

$$\dot{U}_R = U_R \underline{/0°}$$

$$\dot{I}_R = I_R \underline{/0°} = \frac{U_R}{R} \underline{/0°} = \frac{\dot{U}_R}{R} \tag{4-11}$$

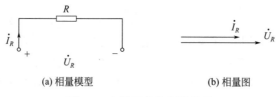

(a) 相量模型　　　　　　　　　　(b) 相量图

图 4-9　电阻元件的相量关系

式（4-11）是电阻电路中欧姆定律的相量形式。由此也可看出，电阻电路的电压和电流同相，其相量图如图 4-9（b）所示。

【例 4-7】　把一个 $50\text{k}\Omega$ 的电阻接到频率为 50Hz、电压有效值为 220V 的正弦电源上，求通过电阻的电流有效值。如果电压值不变，电源频率改为 500Hz，这时的电流又是多少？

解：电阻电流的有效值为

$$I = \frac{U}{R} = \frac{220}{50000} = 4.4 \ (\text{mA})$$

由于电阻元件电阻的大小与频率无关，所以频率改变后，电流仍为 4.4mA。

2）电阻电路中的功率

电路任意瞬时所吸收的功率称为瞬时功率，用 p 表示。它等于该瞬时的电压与电流的乘积。因此，电阻电路所吸收的瞬时功率为

$$p = u_R i_R = \sqrt{2}\,U_R \sin\omega t \times \sqrt{2}\,I_R \sin\omega t = U_R I_R \ (1 - \cos 2\omega t) \tag{4-12}$$

瞬时功率的单位为瓦［W］或千瓦［kW］。

由（4-12）式可以看出，瞬时功率 p 总是大于零，说明电阻是耗能元件。

瞬时功率无实际意义，通常所说的功率是指电路在一个周期内所消耗（吸收）功率的平均值，称为平均功率或有功功率，用 P 表示。有功功率的单位：瓦［W］或千瓦［kW］。

$$P = \frac{1}{T}\int_0^T U_R I_R (1 - \cos^2\omega t)\mathrm{d}t = U_R I_R = I_R^2 R = \frac{U_R^2}{R} \tag{4-13}$$

可见，电阻消耗的功率与直流电路有相似的公式，即 $P = U_R I_R = I_R^2 R = \frac{U_R^2}{R}$，这里 U_R 和 I_R 是正弦电压和正弦电流的有效值。

【例 4-8】 已知某白炽灯的额定参数为"220V，100W"，其两端所加的正弦电压为 $u = 311\sin 314t$ V。试求（1）白炽灯的工作电阻；（2）电流有效值和瞬时值表达式。

解：（1）$R = \frac{U^2}{P} = \frac{220^2}{100} = 484$（Ω）

（2）由 $u = 311\sin 314t$ V，可知电压有效值为

$$U = \frac{U_{\mathrm{m}}}{\sqrt{2}} = \frac{311}{\sqrt{2}} = 220 \text{（V）（与白炽灯额定电压相符，安全工作）}$$

$$I = \frac{U}{R} = \frac{220}{484} = 0.455 \text{（A）}$$

$$i = 0.455\sqrt{2}\sin 314t \text{ A}$$

4.3.2 电感元件的正弦交流电路

1）电压与电流的关系

如图 4-10 所示为电感元件的交流电路。设任意瞬时，电压 u_L 和电流 i_L 在关联参考方向下的关系为

$$u_L = L\frac{\mathrm{d}i_L}{\mathrm{d}t}$$

如设电流为参考相量，即

$$i_L = \sqrt{2}\,I_L \sin\omega t \tag{4-14}$$

则有 $\quad u_L = L\frac{\mathrm{d}i_L}{\mathrm{d}t} = \sqrt{2}\,\omega L I_L \cos\omega t = \sqrt{2}\,\omega L I_L \sin(\omega t + 90°)$

$$= \sqrt{2}\,U_L \sin(\omega t + 90°) \tag{4-15}$$

在式（4-15）中，$U_L = \omega L I_L = X_L I_L$ 或 $U_{Lm} = \omega L I_{Lm} = X_L I_{Lm}$，其中

$$X_L = \frac{U_L}{I_L} = \omega L \tag{4-16}$$

这里 X_L 称为电感元件的电抗，简称感抗；单位：欧姆［Ω］。

由式（4-14）和式（4-15）可以看出，当正弦电流通过电感元件时，在电感上产生一个同频率的、相位超前电流90°的正弦电压，其波形图如图4-11所示。

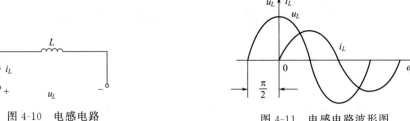

图4-10　电感电路　　　　　　　　图4-11　电感电路波形图

由式（4-16）可以看出：电感元件端电压和电流的有效值之间符合欧姆定律。

下面我们用相量的形式来分析电感电路，其相量模型如图4-12（a）所示。由式（4-14）和式（4-15）可以写出电感元件电流和电压的相量形式分别为

$$\dot{I}_L = I_L \underline{/0^\circ}$$

$$\dot{U}_L = \omega L I_L \underline{/90^\circ} = jX_L \dot{I}_L \tag{4-17}$$

式（4-17）是电感电路欧姆定律的相量形式，其相量图如4-12（b）所示。

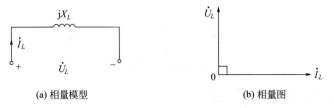

(a) 相量模型　　　　　　　　　　(b) 相量图

图4-12　电感元件的相量关系

【例4-9】　把一个0.2H的电感元件接到频率为50Hz，电压有效值为120V的正弦电源上，求通过电感的电流有效值。如果电压值不变，电源频率改为500Hz，这时的电流有效值又是多少？

解： 当 $f = 50\text{Hz}$ 时

$$X_L = 2\pi f L = 2 \times 3.14 \times 50 \times 0.2 = 62.8 \ (\Omega)$$

$$I_L = \frac{U}{X_L} = \frac{120}{62.8} = 1.91 \ (\text{A})$$

当 $f = 500\text{Hz}$ 时

$$X_L = 2\pi f L = 2 \times 3.14 \times 500 \times 0.2 = 628 \ (\Omega)$$

$$I_L = \frac{U}{X_L} = \frac{120}{628} = 0.191 \ (\text{A})$$

【例4-10】　把一个0.1H的电感元件接到频率为50Hz的正弦电源上，已知电感的端电压 $u = 220\sqrt{2}\sin(314t + 60^\circ)$ V，求电感的电流 i。

解： 由已知条件写出电压的相量形式

$$\dot{U}=220\underline{/60^{\circ}}$$

$$X_L=2\pi fL=2\times3.14\times50\times0.1=31.4\ (\Omega)$$

根据欧姆定律相量形式，得

$$\dot{I}=\frac{\dot{U}}{jX_L}=\frac{220\underline{/60^{\circ}}}{j31.4}=7\underline{/-30^{\circ}}\ (A)$$

瞬时值表达式 $\qquad i=7\sqrt{2}\sin\ (314t-30^{\circ})\ A$

2）电感电路中的功率

电感电路所吸收的瞬时功率为

$$p=u_Li_L=\sqrt{2}U_L\sin(\omega t+90^{\circ})\times\sqrt{2}I_L\sin\omega t=U_LI_L\sin2\omega t \qquad (4-18)$$

可见，电感从电源吸收的瞬时功率是幅值为 U_LI_L，并以 2ω 的角频率随时间变化的正弦量。其平均功率（有功功率）为

$$P=\frac{1}{T}\int_0^T U_LI_L\sin2\omega t\,dt=0$$

这就是说，电感不消耗功率，只与电源之间存在着能量的交换，所以，电感是一储能元件。电感与电源之间功率交换的最大值用 Q_L 表示。即

$$Q_L=U_LI_L=I_C^2X_L=\frac{U_L^2}{X_L} \qquad (4-19)$$

式（4-19）与电阻电路中的 $P=U_RI_R=I_R^2R=\dfrac{U_R^2}{R}$ 在形式上是相似的，但有本质的区别。P 是电路中消耗的功率，而 Q_L 只反映电路中能量互换的速率，称为无功功率，单位是乏 [var] 或千乏 [kvar]。

【例4-11】 设有一电感线圈，其电感 $L=0.2H$，电阻可略去不计，将其接于 50Hz、220V 的电源上，试求：（1）该电感的感抗 X_L；（2）电路中的电流 I 及其与电压的相位差 φ；（3）电感的无功功率 Q_L。

解：设电压 $\dot{U}$ 为参考相量，即

$$\dot{U}=220\underline{/0^{\circ}}\ V$$

（1）感抗 $\qquad X_L=2\pi fL=2\pi\times50\times0.2=62.8\ (\Omega)$

（2）根据欧姆定律相量形式

$$\dot{I}=\frac{\dot{U}}{jX_L}=\frac{220\underline{/0^{\circ}}}{j62.8}=-j3.5(A)$$

即，电流的有效值 $I=1.4A$，相位上滞后于电压 90°。

（3）无功功率

$$Q_L=I^2X_L=3.5^2\times62.8=769.3\ (var)$$

4.3.3 电容元件的正弦交流电路

1）正弦电压与电流的关系

如图 4-13 所示为电容元件的交流电路。设任意瞬时，电压 u_C 和电流 i_C 在关联参考方向下的关系为

$$i_C = C \frac{\mathrm{d}u_C}{\mathrm{d}t}$$

如果设电压为参考相量，即

$$u_C = \sqrt{2}\, U_C \sin\omega t \tag{4-20}$$

则有

$$i_C = C \frac{\mathrm{d}u_C}{\mathrm{d}t} = \sqrt{2}\, \omega C U_C \cos\omega t = \sqrt{2}\, \omega C U_C \sin\,(\omega t + 90°)$$

$$= \sqrt{2}\, I_C \sin\,(\omega t + 90°) \tag{4-21}$$

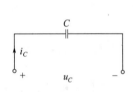

图 4-13 电容电路

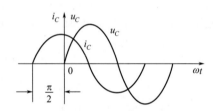

图 4-14 电容电路波形图

式（4-21）中，$I_C = \omega C U_C$，即

$$\frac{U_C}{I_C} = \frac{1}{\omega C} = \frac{1}{2\pi f C} = X_C \tag{4-22}$$

在式（4-22）中，X_C 称为电容的电抗，简称容抗；单位：欧姆$[\Omega]$。

由式（4-20）和式（4-21）可以看出，当电容元件两端施加正弦电压时，在电容上产生一个同频率的、相位超前电压 90° 的正弦电流，其波形图如图 4-14 所示。

由式（4-22）可以看出：电容元件端电压和电流的有效值之间符合欧姆定律。

下面我们用相量的形式来分析电容电路，其相量模型如图 4-15（a）所示。由式（4-20）和式（4-21）可以写出，电容元件电压和电流的相量形式分别为

$$\dot{U}_c = U_c \underline{/0°}$$

$$\dot{I}_c = \omega C U_c \underline{/90°} = \frac{\dot{U}_c}{-\mathrm{j}\dfrac{1}{\omega C}} = \frac{\dot{U}_c}{-\mathrm{j}X_c} \qquad 或 \qquad \dot{U}_c = -\mathrm{j}X_c \dot{I}_c \tag{4-23}$$

式（4-23）是电容电路欧姆定律的相量形式，其相量图如图 4-15（b）所示。

【例 4-12】 在电容为 $398\mu\mathrm{F}$ 的电容器两端，加电压 $u = 220\sqrt{2} \sin\,(314t + 30°)$ V，试求

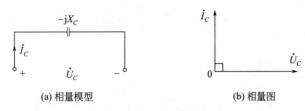

（a）相量模型　　　　　　　　（b）相量图

图 4-15　电容元件的相量关系

电容的容抗和电流。

解：
$$X_C = \frac{1}{\omega C} = \frac{1}{314 \times 398 \times 10^{-6}} = 8 \ (\Omega)$$

因为
$$U_C = 220\text{V}$$

电容电流的有效值为
$$I_C = \frac{U_C}{X_C} = \frac{220}{8} = 27.5 \ (\text{A})$$

由于电容的电流要超前电压 90°，而 $\Psi_u = 30°$，所以，$\Psi_i = 120°$，则有

$$i_C = 27.5\sqrt{2}\sin(314t + 120°)\text{A}$$

2）电容电路中的功率

电容电路所吸收的瞬时功率为

$$p = u_C i_C = \sqrt{2}U_C \sin\omega t \times \sqrt{2}I_C \sin(\omega t + 90°) = U_C I_C \sin 2\omega t$$

可见，电容从电源吸收的瞬时功率是幅值为 $U_C I_C$，并以 2ω 的角频率随时间变化的正弦量。其平均功率（有功功率）为

$$P = \frac{1}{T}\int_0^T U_C I_C \sin 2\omega t \, \mathrm{d}t = 0$$

这就是说，电容不消耗有功功率，只与电源之间存在着能量的交换，所以，电容也是储能元件。

与电感相似，电容与电源之间功率交换的最大值，称为无功功率，用 Q_C 表示。即

$$Q_C = U_C I_C = I_C^2 X_C = \frac{U_C^2}{X_C} \tag{4-24}$$

【例 4-13】　设有一电容器，其电容 $C = 26.5\mu\text{F}$，电阻可略去不计，将其接于 50Hz、220V 的电源上，试求：

（1）电路中的电流 I 及其与电压的相位差 φ；

（2）电容的无功功率 Q_C。

解：（1）设电压 $\dot{U}$ 为参考相量，即

$$\dot{U} = 220\underline{/0°} \ \text{V}$$

容抗
$$X_C = \frac{1}{2\pi fC} = \frac{1}{2\pi \times 50 \times 26.5 \times 10^{-6}} = 120 \ (\Omega)$$

$$\dot{I} = \frac{\dot{U}}{-\mathrm{j}X_C} = \frac{220\underline{/0^\circ}}{-\mathrm{j}120} = \mathrm{j}1.83(\mathrm{A})$$

即，电流的有效值 $I = 1.83\mathrm{A}$，相位上超前于电压 90°。

（2）无功功率

$$Q_C = I^2 X_C = 1.83^2 \times 120 = 0.4 \text{（kvar）}$$

由以上讨论，可把电阻电路、电感电路、电容电路的基本性质列表比较，如表 4-1 所示。

表 4-1 单一参数电路元件交流电路的基本性质

电路模型				
电路参数		电阻 R	电感 L	电容 C
电压与电流的关系	瞬时值	$u = iR$	$u = L\dfrac{\mathrm{d}i}{\mathrm{d}t}$	$i = C\dfrac{\mathrm{d}u}{\mathrm{d}t}$
	有效值	$U = IR$	$U = IX_L$	$U = IX_C$
	相位	电压与电流同相	电压超前于电流 90°	电压滞后于电流 90°
电阻或电抗		R	$X_L = \omega L$	$X_C = \dfrac{1}{\omega C}$
用相量表示电压与电流的关系	相量模型			
	相量关系式	$\dot{U} = R\dot{I}$	$\dot{U} = \mathrm{j}X_L\dot{I}$	$\dot{U} = -\mathrm{j}X_C\dot{I}$
	相量图			
有功功率		$P = UI$	$P = 0$	$P = 0$
无功功率		$Q = 0$	$Q_L = UI = I^2 X_L$	$Q_C = UI = I^2 X_C$

4.4 基尔霍夫定律的相量形式

根据基尔霍夫电流定律，电路中任意节点在任何时刻都有

$$i_1 + i_2 + \cdots + i_n = 0$$

即

$$\sum i_K = 0 \quad (K = 1 \cdots n) \tag{4-25}$$

在正弦交流电路中，所有的响应都是与激励同频率的正弦量，所以，（4-25）式中的各个电流都是同频率的正弦量。因此，可以把同频率的正弦量用相量表示为

$$\dot{I}_1 + \dot{I}_2 + \cdots + \dot{I}_n = 0$$

$$\sum \dot{I}_K = 0 \tag{4-26}$$

式（4-26）就是基尔霍夫电流定律在正弦交流电路中的相量形式，它与直流电路中的基尔霍夫电流定律 $\sum I_K = 0$ 在形式上相似。

同样道理，基尔霍夫电压定律相量形式表示为

$$\sum \dot{U}_K = 0 \tag{4-27}$$

它与直流电路中的基尔霍夫电压定律 $\sum U_K = 0$ 在形式上相似。

【例 4-14】 在图 4-16（a）中，电压表的读数分别为 $V_1 = 40\text{V}$，$V_2 = 30\text{V}$；图 4-16（b）中的读数分别为 $V_1 = 30\text{V}$，$V_2 = 70\text{V}$，$V_3 = 100\text{V}$。求图中 u_s 的有效值。

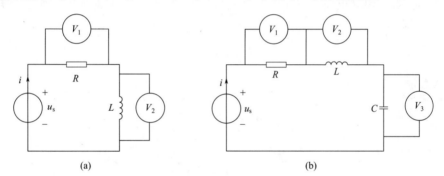

图 4-16 例 4-14 图

解：由于串联电路中各元件的电流相同，所以设电流为参考相量，即

$$\dot{I} = I\underline{/0^\circ}$$

图 4-16（a）中　　　　　　$\dot{U}_1 = 40\underline{/0^\circ}$ （电阻上电流与电压同相）

$$\dot{U}_2 = 30\underline{/90^\circ}$$ （电感上电压超前电流 90°）

由 KVL 得

$$\dot{U}_s = \dot{U}_1 + \dot{U}_2 = 40\underline{/0^\circ} + 30\underline{/90^\circ} = 50\underline{/36.8^\circ}\,(\text{V})$$

所以，图 4-16（a）中 u_s 的有效值为 50V。

在图 4-16（b）中

$$\dot{U}_1 = 30\underline{/0^\circ}$$ （电阻上电流与电压同相）

$$\dot{U}_2=70\underline{/90^\circ} \qquad (\text{电感上电压超前电流 }90^\circ)$$

$$\dot{U}_3=100\underline{/-90^\circ} \qquad (\text{电容上电压滞后电流 }90^\circ)$$

由 KVL 得

$$\begin{aligned}
\dot{U}_s &= \dot{U}_1+\dot{U}_2+\dot{U}_3\\
&=30\underline{/0^\circ}+70\underline{/90^\circ}+100\underline{/-90^\circ}\\
&=30\sqrt{2}\underline{/45^\circ}\ (\text{V})
\end{aligned}$$

所以，图 4-16（b）u_s的有效值为 $30\sqrt{2}$ V。

4.5 RLC 的串联电路和并联电路

4.5.1 RLC 串联电路

1）RLC 串联电路

图 4-17 是 RLC 串联电路，电路中的电流与各个电压的参考方向如图中所示。若以电流为参考相量，即

$$\dot{I}=I\underline{/0^\circ}$$

则根据 KVL 定律有

$$\dot{U}=\dot{U}_R+\dot{U}_L+\dot{U}_C \tag{4-28}$$

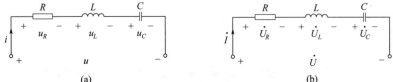

图 4-17 RLC 串联电路

其相量模型如图 4-17（b）所示，各元件上电压与电流的关系为

$$\left.\begin{aligned}
\dot{U}_R &= R\,\dot{I}\\
\dot{U}_L &= \mathrm{j}\omega L\,\dot{I}\\
\dot{U}_C &= -\mathrm{j}\frac{1}{\omega C}\dot{I}
\end{aligned}\right\} \tag{4-29}$$

将式（4-29）代入式（4-28）得

$$\dot{U}=\left[R+\mathrm{j}\left(\omega L-\frac{1}{\omega C}\right)\right]\dot{I}$$

$$\dot{U} = Z \dot{I} \tag{4-30}$$

其中，$Z = R + j\left(\omega L - \dfrac{1}{\omega C}\right) = R + j(X_L - X_C) = R + jX = |Z| \underline{/\varphi}$ (4-31)

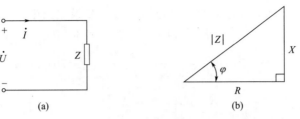

图 4-18　阻抗和阻抗三角形

式（4-31）为正弦交流电路中欧姆定律的相量形式。Z 称为 RLC 串联电路的复阻抗，简称阻抗，如图 4-18 所示，单位：欧姆；$|Z|$ 为阻抗的阻抗值，单位：Ω；X 称为电抗，单位：Ω；φ 称为阻抗角。由式（4-31）可知

$$|Z| = \sqrt{R^2 + X^2} = \sqrt{R^2 + \left(\omega L - \dfrac{1}{\omega C}\right)^2} \tag{4-32}$$

$$\varphi = \arctan \frac{X_L - X_C}{R} = \arctan \frac{\omega L - \dfrac{1}{\omega C}}{R} \tag{4-33}$$

由式（4-30）还可以得出

$$Z = \frac{\dot{U}}{\dot{I}} = \frac{U \underline{/\Psi_u}}{I \underline{/\Psi_i}} = |Z| \underline{/\Psi_u - \Psi_i} = |Z| \underline{/\varphi} \tag{4-34}$$

其中，$\varphi = \Psi_u - \Psi_i$，可见阻抗角 φ 也是电压和电流的相位差角。由式（4-31）可以看出，复阻抗的实部是电阻 R、虚部是电抗 X。这里要注意的是：复阻抗虽然是复数，但它不是时间的函数，所以不是相量，因此 Z 的上面没有"·"。

由式（4-32）可以看出，阻抗模 $|Z|$、电阻 R、电抗 X 可以构成一个直角三角形，称为阻抗三角形，如图 4-18（b）所示。

由式（4-32）和式（4-33）可以看出，复阻抗 Z 仅由电路的参数及电源的频率决定，与电压、电流的大小无关。

由式（4-33）可知：

若 $X_L > X_C$，则 $\varphi > 0$，电压超前电流，电路呈感性，如图 4-19（a）所示；

若 $X_L < X_C$，则 $\varphi < 0$，电压滞后电流，电路呈容性，如图 4-19（b）所示；

若 $X_L = X_C$，则 $\varphi = 0$，电压与电流同相，电路呈阻性，如图 4-19（c）所示。

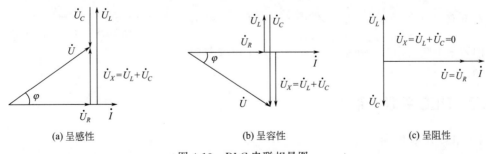

(a) 呈感性　　　　　　　　(b) 呈容性　　　　　　　　(c) 呈阻性

图 4-19　RLC 串联相量图

单一的电阻、电感、电容的复阻抗分别为 $Z=R$，$Z=j\omega L$，$Z=-j\dfrac{1}{\omega C}$。

【例 4-15】 在 RLC 串联电路中，已知 $R=30\Omega$，$L=95\mathrm{mH}$，$C=45.5\mu\mathrm{F}$，电压源电压 $u=220\sqrt{2}\sin(314t+60°)\mathrm{V}$，试求：该串联电路的阻抗 Z 及电路中的电流 i。

解：
$$X_L=\omega L=314\times95\times10^{-3}=30(\Omega)$$

$$X_C=\frac{1}{\omega C}=\frac{1}{314\times45.5\times10^{-6}}=70(\Omega)$$

$$Z=R+j(X_L-X_C)$$

$$=30+j(30-70)=50\underline{/-53.1°}\ (\Omega)$$

$$\dot{I}=\frac{\dot{U}}{Z}=\frac{220\underline{/60°}}{50\underline{/-53.1°}}=4.4\underline{/113.1°}\ (\mathrm{A})$$

$$i=4.4\sqrt{2}\sin(314t+113.1°)\ (\mathrm{A})$$

【例 4-16】 已知一线圈，通过线圈的电流为 $i=6\sin(314t+30°)\mathrm{A}$，线圈的电阻 $R=4\Omega$，电感 $L=12.7\mathrm{mH}$，试求：线圈两端的电压有效值及 u 与 i 之间的相位差 φ。

解：
$$X_L=\omega L=4\Omega$$
$$Z=R+jX_L=4+j4=4\sqrt{2}\underline{/45°}\ (\Omega)$$

$$|Z|=4\sqrt{2}\ \Omega$$

电压有效值
$$U=I\,|Z|=\frac{6}{\sqrt{2}}\times4\sqrt{2}=24\ (\mathrm{V})$$

阻抗角即为 u 与 i 之间的相位差，$\varphi=45°$。

2）阻抗的串联

如图 4-20 所示为若干个阻抗的串联电路，电压和电流的参考方向如图所示。根据基尔霍夫电压定律的相量形式，有

$$\dot{U}=\dot{U}_1+\dot{U}_2+\cdots\cdots+\dot{U}_n$$
$$=Z_1\dot{I}+Z_2\dot{I}+\cdots\cdots+Z_n\dot{I}$$
$$=(Z_1+Z_2+\cdots\cdots+Z_n)\dot{I}=Z_{eq}\dot{I}$$

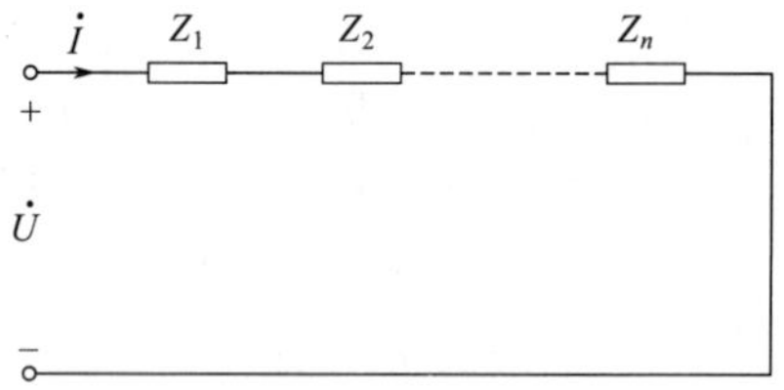

可见，等效阻抗 $Z_{eq}=\dfrac{\dot{U}}{\dot{I}}=Z_1+Z_2+\cdots\cdots+Z_n$ （4-35）

图 4-20 阻抗的串联

即若干个阻抗串联的等效复阻抗等于各个串联复阻抗之和。

4.5.2 RLC 并联电路

1）RLC 并联电路

图 4-21 是由 R、L、C 并联组成的正弦交流电路，选择电压作为参考相量，根据 KCL 定律，有

$$\dot{I} = \dot{I}_R + \dot{I}_L + \dot{I}_C$$

$$\dot{I}_R = \frac{\dot{U}}{R}, \quad \dot{I}_L = \frac{\dot{U}}{j\omega L}, \quad \dot{I}_C = j\omega C \dot{U}$$

$$\dot{I} = \left(\frac{1}{R} + \frac{1}{j\omega L} + j\omega C\right) \dot{U}$$

$$Y = \frac{\dot{I}}{\dot{U}} = \frac{1}{R} + \frac{1}{j\omega L} + j\omega C = \frac{1}{R} + j\left(\omega C - \frac{1}{\omega L}\right) \tag{4-36}$$

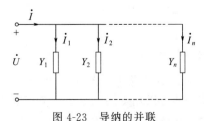

图 4-21　RLC 并联电路

$$Y = \frac{1}{Z} = \frac{\dot{I}}{\dot{U}} = \frac{I}{U} \underline{/\varphi_i - \varphi_u} = |Y| \underline{/\varphi'}$$

Y 称为 RLC 并联电路的复导纳，简称导纳，单位：西门子［S］。$|Y| = \dfrac{I}{U}$ 为导纳的模，$\varphi' = \varphi_i - \varphi_u$ 为导纳角。

导纳 Y 的代数形式可写为

$$Y = G + jB$$

Y 的实部是电导 $G = \dfrac{1}{R}$，虚部是电纳 $B = \omega C - \dfrac{1}{\omega L} = B_C - B_L$。$Y$ 的模和导纳角分别为

$$|Y| = \sqrt{G^2 + B^2}, \quad \varphi' = \arctan\left[\frac{\omega C - \dfrac{1}{\omega L}}{G}\right] \tag{4-37}$$

对于单个元件 R、L、C，它们的导纳分别为 $Y_R = G = \dfrac{1}{R}$，$Y_L = \dfrac{1}{j\omega L} = -j\dfrac{1}{\omega L}$，$Y_C = j\omega C$，其中，$B_L = \dfrac{1}{\omega L}$ 称为感纳，$B_C = \omega C$ 称为容纳。

由式（4-37）可以看出，复导纳模 $|Y|$、电导 G、电纳 B 可以构成一个直角三角形，称为导纳三角形，如图 4-22 所示。

当 $B > 0$，即 $\omega C > \dfrac{1}{\omega L}$ 时，Y 呈容性；当 $B < 0$，即 $\omega C < \dfrac{1}{\omega L}$ 时，Y 呈感性。

显然，$Y = \dfrac{1}{Z}$，$|Y| = \dfrac{1}{|Z|}$，$\varphi' = -\varphi$；G、Y、B、B_L、B_C 的单位为西门子［S］。

2）导纳的并联

如图 4-23 所示为若干个导纳的并联电路，电流和电压的参考方向如图所示。由 KCL 定律，可得

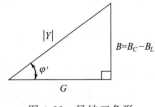

图 4-22　导纳三角形

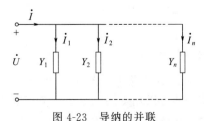

图 4-23　导纳的并联

$$\dot{I}=\dot{I}_1+\dot{I}_2+\cdots\cdots+\dot{I}_n$$

$$=Y_1\dot{U}+Y_2\dot{U}+\cdots\cdots+Y_n\dot{U}$$

$$=(Y_1+Y_2+\cdots+Y_n)\ \dot{U}=Y_{eq}\dot{U}$$

可见，等效导纳 $\qquad Y_{eq}=\dfrac{\dot{I}}{\dot{U}}=Y_1+Y_2+\cdots+Y_n\qquad$ (4-38)

即并联电路的等效复导纳等于各并联复导纳之和。

4.6 正弦稳态电路的分析

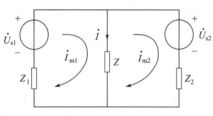

图 4-24 例 4-17 图

在正弦交流电路中，以相量形式表示的欧姆定律和基尔霍夫定律，与直流电路有相似的表达式，因而在直流电路中，由欧姆定律和基尔霍夫定律推导出的支路电流法、节点电压法、叠加定理、等效电源定理等，都可以同样扩展到正弦交流电路中。在扩展中，直流电路中的各物理量在交流电路中用相量的形式来代替；直流电路中的电阻 R 用复阻抗 Z 来代替；直流电路中的电阻 G 用复阻抗 Y 来代替。

【例 4-17】 如图 4-24 所示电路中，两个电源的电压有效值均为 220V，相位相差 $30°$，内阻抗 $Z_1=Z_2=(2+j2)\Omega$，负载阻抗 $Z=(10+j10)\Omega$，试求负载电流 $\dot{I}$。

解：（1）用网孔电流法求解

设 $\dot{U}_{s1}$ 为参考相量，$\dot{U}_{s2}$ 超前 $\dot{U}_{s1}$ $30°$，则有

$$\dot{U}_{s1}=220\underline{/0°}\ \text{V}\qquad\qquad\dot{U}_{s2}=220\underline{/30°}\ \text{V}$$

网孔电流的参考方向如图 4-24 所示。

$$\left.\begin{array}{r}(Z_1+Z)\dot{I}_{m1}-Z\dot{I}_{m2}=\dot{U}_{s1}\\[4pt]-Z\dot{I}_{m1}+(Z+Z_2)\dot{I}_{m2}=-\dot{U}_{s2}\\[4pt]\dot{I}=\dot{I}_{m1}-\dot{I}_{m2}\end{array}\right\}$$

$$\left.\begin{array}{r}(12+j12)\dot{I}_{m1}-(10+j10)\dot{I}_{m2}=220\underline{/0°}\\[4pt]-(10+j10)\dot{I}_{m1}+(12+j12)\dot{I}_{m2}=-220\underline{/30°}\\[4pt]\dot{I}=\dot{I}_{m1}-\dot{I}_{m2}\end{array}\right\}$$

联立以上三个方程，解得

$$\dot{I}=13.7\underline{/30°}\ \text{A}$$

（2）用叠加定理求解

图 4-25 的电路中，图（a）可视为是图（b）和图（c）的叠加，负载电流 $\dot{I}=\dot{I}'+\dot{I}''$。

此题还可以用支路电流法、节点电压法、戴维南定理等方法来求解，所得结果与上述完全一致，在此不一一叙述。

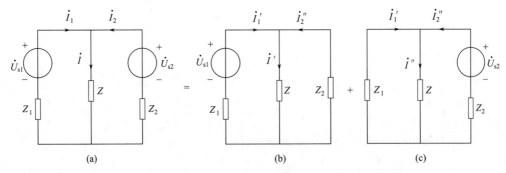

图 4-25　例 4-17 叠加定理图

【**例 4-18**】　在如图 4-26（a）所示电路中，R 和 X_C 的电流均为 10A，端口电压为 100V，端口电压与端口电流同相，试作相量图，求：R、X_L、X_C。

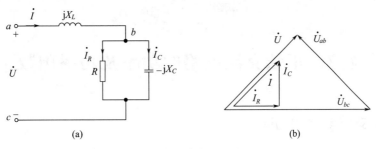

图 4-26　例 4-18 图

解：选 $\dot{U}_{bc}$ 为参考相量，作出图 4-26（b）所示相量图。电压三角形和电流三角形都是等腰直角三角形。

依题意，有

$$U=100\text{V}, \quad I_R=I_C=10\text{A}$$

则

$$U_{ab}=U=100\text{V}, \quad U_{bc}=100\sqrt{2}\ \text{V}, \quad I=10\sqrt{2}\ \text{A}$$

$$X_L=\frac{U_{ab}}{I}=\frac{100}{10\sqrt{2}}=7.07\ (\Omega)$$

$$X_C=R=\frac{U_{bc}}{I_R}=\frac{100\sqrt{2}}{10}=14.14\ (\Omega)$$

【**例 4-19**】　在如图 4-27（a）所示电路中，$U_s=380\text{V}$，$f=50\text{Hz}$，电容可调，当 $C=80.95\mu\text{F}$ 时，交流电流表 A 的读数最小，其值为 2.59A。求图中交流电流表 A_1 的读数。

解：当电容 C 变化时，$\dot{I}_1$ 始终不变，可以先定性画出相量图。设 $\dot{U}_s=380\ \underline{/0°}\ \text{V}$，故 $\dot{I}_1$

$$\dot{I}_1=\frac{\dot{U}_s}{R+\text{j}\omega L_1}$$

滞后电压 $\dot{U}_s$，$\dot{I}_C=\text{j}\omega C\dot{U}_s$。表示 $\dot{I}=\dot{I}_1+\dot{I}_C$ 的电流相量组成的三角形如图 4-27（b）所示。当 C 变化时，$\dot{I}_C$ 始终与 $\dot{U}_s$ 正交，故 $\dot{I}_C$ 的末端将沿图中所示虚线变化，到达 a 点时，$\dot{I}$ 为最

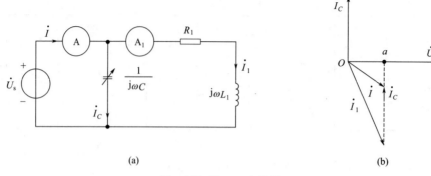

图 4-27　例 4-19 电路图

小。$I_C = \omega C U_s = 9.66A$，这时 $I = 2.59A$，用电流三角形解得电流表 A_1 的读数为

$$\sqrt{9.66^2 + 2.59^2} = 10 \ (A)$$

4.7　正弦交流电路的功率及功率因数

4.7.1　正弦交流电路的功率

1）瞬时功率

如图 4-28 所示为含有 R、L、C 的无源二端网络，端口电压 u 和端口电流 i 的参考方向如图中所示。

图 4-28　无源二端网络

设　　　　$u = \sqrt{2}U\sin(\omega t + \varphi)$，$i = \sqrt{2}I\sin\omega t$
则瞬时功率为

$$\begin{aligned} p = ui &= \sqrt{2}U\sin(\omega t + \varphi) \times \sqrt{2}I\sin\omega t \\ &= UI\cos\varphi - UI\cos(2\omega t + \varphi) \end{aligned}$$

瞬时功率用 p 表示，单位：瓦［W］或千瓦［kW］。

2）有功功率

瞬时功率在一个周期内的平均值称为平均功率或有功功率。用 P 表示，即

$$P = \frac{1}{T}\int_0^T p\,\mathrm{d}t = \frac{1}{T}\int_0^T [UI\cos\varphi - UI\cos(2\omega t + \varphi)]\,\mathrm{d}t$$

$$P = UI\cos\varphi \tag{4-39}$$

式（4-39）中，U、I 分别是正弦交流电路中电压和电流的有效值，φ 为电压与电流的相位差。可见，正弦交流电路的有功功率不仅与电压和电流的有效值有关，还与它们的相位差 φ 有关。φ 又称为功率因数角，因此，$\cos\varphi$ 称为功率因数，用 λ 表示；它是交流电路中一个非常重要的指标。有功功率的单位：瓦［W］或千瓦［kW］。

对于电阻元件 R，由于其电压和电流同相，即 $\varphi = 0$，所以 R 的有功功率 $P_R = U_R I_R =$

$I^2R = \dfrac{U_R^2}{R}$。对于电感元件 L，其电压超前电流 $90°$，即 $\varphi = 90°$，所以 L 的有功功率 $P_L = U_L I_L \cos 90° = 0$。对于电容元件 C，其电压滞后电流 $90°$，即 $\varphi = -90°$，所以 C 的有功功率 $P_C = U_C I_C \cos(-90°) = 0$。

可见，在正弦交流电路中，只有电阻是消耗电能的，因此，电阻是耗能元件；电感和电容是不消耗电能的，它们只与外电路进行能量交换，是储能元件。

3）无功功率

在正弦交流电路中，要储存或释放能量，它们不仅相互之间要进行能量的转换，而且还要与电源之间进行能量的交换；电感与电容与电源之间进行能量的交换规模的大小用无功功率来衡量。无功功率用 Q 来表示，单位乏 [var] 或千乏 [kvar]。其值为

$$Q = UI \sin\varphi \tag{4-40}$$

由于电感元件的电压超前电流 $90°$，电容元件的电压滞后电流 $90°$，因此，感性无功功率与容性无功功率之间可以相互补偿，即

$$Q = Q_L - Q_C \tag{4-41}$$

4）视在功率

在交流电路中，电气设备是根据其发热情况（电流的大小）的耐压（电压的最大值）来设计使用的，通常将电压和电流有效值的乘积定义为视在功率（设备的容量），用 S 表示，单位：伏安 [V·A]。其表达式

$$S = UI = |Z|I^2 \tag{4-42}$$

5）功率三角形

由式（4-39）、式（4-40）、式（4-42）可以看出，$S = UI = \sqrt{P^2 + Q^2}$，因此，我们可以用直角三角形来表示有功功率 P、无功功率 Q、视在功率 S 之间的关系，如图 4-29 所示。由图 4-29 得

$$\varphi = \arctan \dfrac{Q}{P}$$

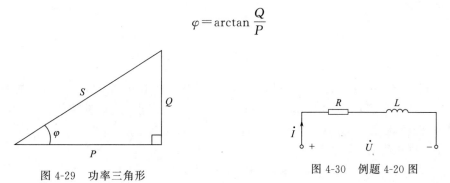

图 4-29　功率三角形　　　　　　　图 4-30　例题 4-20 图

【例 4-20】　如图 4-30 所示 R、L 串联电路中，频率 $f = 50\text{Hz}$，已知电压和电流的有效值分别为 $U = 150\text{V}$，$I = 3\text{A}$，电路吸收的功率 $P = 270\text{W}$，求：R 和 L 的值。

解：R 和 L 串联阻抗 $Z = R + j\omega L$，其模为

$$|Z| = \dfrac{U}{I} = \dfrac{150}{3} = 50 \ (\Omega)$$

由

$$P = UI\cos\varphi = 150 \times 3\cos\varphi = 270\text{W}$$

得

$$\cos\varphi = 0.6$$

因此

$$\sin\varphi = 0.8$$

由阻抗三角形，得

$$R = |Z|\cos\varphi = 30 \ (\Omega)$$
$$\omega L = |Z|\sin\varphi = 40 \ (\Omega)$$
$$L = 127\text{mH}$$

4.7.2 功率因数的提高

通过上节的学习，我们知道功率因数 $\lambda = \cos\varphi$，电阻性负载的电压与电流同相，$\varphi = 0$，其功率因数等于 1。对于其他负载 $-90° \leqslant \varphi \leqslant 90°$，功率因数介于 0 和 1 之间，即 $0 \leqslant \cos\varphi \leqslant 1$。由于电力系统中接有大量的感性负载，线路中的功率因数一般不高，为此，需要提高功率因数。

提高功率因数的方法，主要采用在感性负载两端并联电容器的方法，对无功功率进行补偿。如图 4-31（a）所示，虚框内为感性负载，设负载的端电压为 $\dot{U}$，在未并联电容时，感性负载中的电流为 $\dot{I}_1$，$\dot{I}_1$ 与 $\dot{U}$ 相位差 φ_1；并联电容后，$\dot{I}_1$ 不变，电容支路的电流为 $\dot{I}_C$，且端电流 $\dot{I} = \dot{I}_1 + \dot{I}_C$，$\dot{I}$ 与 $\dot{U}$ 的相位差 φ_2，相量图如图 4-31（b）所示。显然，$\varphi_1 > \varphi_2$，因此，$\cos\varphi_1 < \cos\varphi_2$，故并联电容后功率因数提高了。

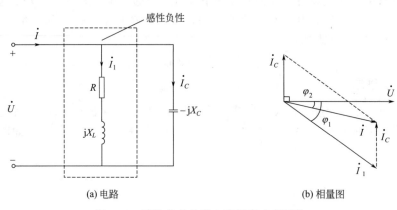

(a) 电路　　　　　　　　　　　　　　(b) 相量图

图 4-31　感性负载并联电容提高功率因数

【例 4-21】　有一感性负载，其有功功率 $P = 10\text{kW}$，将其接到 220V、50Hz 的交流电源上，$\cos\varphi_1 = 0.6$，今欲并联一电容，使其 $\cos\varphi_2 = 0.95$，试问：所需补偿的无功功率 Q_C 及电容量 C 为多少？

解： 未并联电容时

$$\cos\varphi_1 = 0.6，\ \varphi_1 = 53.1°$$

电路的无功功率为　　　　$Q_1 = P\tan\varphi_1 = 10 \times 1.33 = 13.3 \ (\text{kvar})$

并联电容后

$$\cos\varphi_2 = 0.95，\ \varphi_2 = 18°$$

电路的无功功率为　　　　$Q_2 = P\tan\varphi_2 = 10 \times 0.325 = 3.25 \ (\text{kvar})$

所需补偿的无功功率为　　$Q_C = Q_1 - Q_2 = 10.05 \ (\text{kvar})$

由于 $Q_C = \dfrac{U^2}{X_C} = 2\pi f C U^2$，因此所需并联的电容量为

$$C = \frac{Q_C}{2\pi f U^2} = 661\mu\text{F}$$

4.8　电路的谐振

对正弦交流电路进行分析后我们知道，在含有电感和电容元件的电路中，由于感抗和容抗的存在，电路可表现为电感性，也可表现为电容性，在一定条件下还可能表现为电阻性，即电路的电压与电流同相位，这种现象称为谐振。按发生谐振的电路不同，可以把谐振分为串联谐振和并联谐振。

4.8.1　串联谐振

1）串联谐振

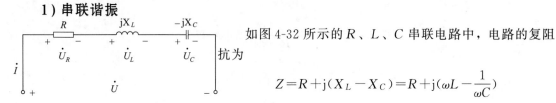

图 4-32　串联谐振电路

如图 4-32 所示的 R、L、C 串联电路中，电路的复阻抗为

$$Z = R + j(X_L - X_C) = R + j\left(\omega L - \frac{1}{\omega C}\right)$$

$$|Z| = \sqrt{R^2 + (X_L - X_C)^2} = \sqrt{R^2 + \left(\omega L - \frac{1}{\omega C}\right)^2} \quad (4\text{-}43)$$

$$\varphi = \arctan \frac{X_L - X_C}{R} = \arctan \frac{\omega L - \dfrac{1}{\omega C}}{R} \quad (4\text{-}44)$$

当电路发生谐振时，电路呈现电阻性，端口电压和端口电流同相位，即 $\varphi = 0$，所以有

$$X_L = X_C \text{ 或 } \omega L = \frac{1}{\omega C} \quad (4\text{-}45)$$

由式（4-45）可以看出，调整 ω、L 和 C 三个数值中的任意一个均可满足方程成立，从而使电路发生谐振。当电路发生谐振时的角频率用 ω_0 表示，称为谐振角频率，则有

$$\omega_0 = \frac{1}{\sqrt{LC}} \text{ 或 } f_0 = \frac{1}{2\pi\sqrt{LC}} \quad (4\text{-}46)$$

f_0 称为谐振频率。

2）串联谐振电路的特征

（1）由式（4-43）可知，当电路发生串联谐振时，$|Z| = R$，这时的 $|Z|$ 具有最小值。因此，当电压一定时电流值最大，$I_0 = \dfrac{U}{R}$，I_0 称为串联谐振电流。

（2）由图 4-19（c）可知，$\dot{U}_L = -\dot{U}_C$，即电感上的电压与电容上的电压大小相等，方向相反，互相抵消。如果 $X_L = X_C \gg R$，则有 $U_L = U_C \gg U$，即电感或电容上的电压远远大于电路两端的电压，这种现象称为过高压现象，往往会造成元件的损坏。通常将串联谐振电路中 U_L 或 U_C 与 U 的比值称为品质因数，用 Q 来表示，即

$$Q = \frac{U_L}{U} = \frac{U_C}{U} = \frac{\omega_0 L}{R} = \frac{1}{\omega_0 RC} = \frac{1}{R}\sqrt{\frac{L}{C}} \quad (4\text{-}47)$$

4.8.2 并联谐振

1）并联谐振

谐振也可以发生在并联电路中，如图 4-33 所示，电阻 R 和电感 L 串联，表示实际线圈与电容 C 并联，组成并联谐振电路。电感支路的电流为

$$\dot{I}_L = \frac{\dot{U}}{R+\mathrm{j}X_L} = \frac{\dot{U}}{R+\mathrm{j}\omega L}$$

电容支路的电流为

$$\dot{I}_C = \frac{\dot{U}}{-\mathrm{j}X_C} = \mathrm{j}\omega C\dot{U}$$

总电流

$$\dot{I} = \dot{I}_L + \dot{I}_C = \frac{\dot{U}}{R+\mathrm{j}\omega L} + \mathrm{j}\omega C\dot{U}$$

$$\dot{I} = \left[\frac{R-\mathrm{j}\omega L}{R^2+(\omega L)^2} + \mathrm{j}\omega C\right]\dot{U} \tag{4-48}$$

当发生谐振时，$\dot{I}$ 与 $\dot{U}$ 同相位，则式（4-48）中虚部为零，即

$$\omega C = \frac{\omega L}{R^2+(\omega L)^2}$$

一般情况下，R 很小，尤其在频率较高时，$\omega L \gg R$，因此有

$$\omega C = \frac{1}{\omega L}$$

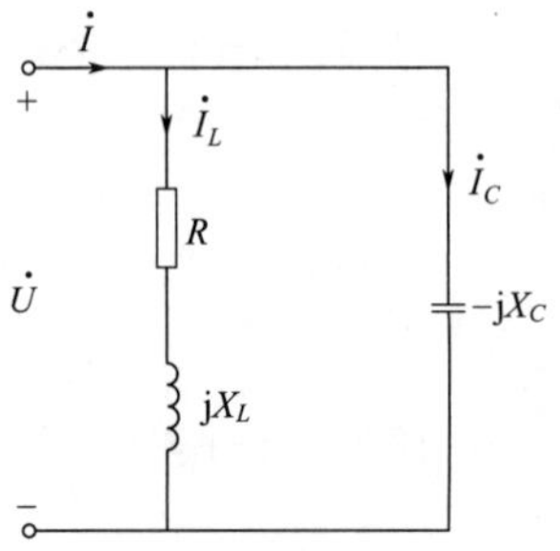

所以，谐振角频率为

$$\omega_0 = \frac{1}{\sqrt{LC}}$$

谐振频率为

$$f_0 = \frac{1}{2\pi\sqrt{LC}}$$

图 4-33　并联谐振电路

2）并联谐振电路的特征

并联电路发生谐振时电压和电流同相，电路呈现电阻性，因此式（4-48）中的虚部为零，电流最小，阻抗最大。所以谐振时的电流为

$$\dot{I}_0 = \frac{R}{R^2+(\omega L)^2}\dot{U} = \frac{\dot{U}}{\dfrac{R^2+(\omega L)^2}{R}} = \frac{\dot{U}}{Z}$$

式中

$$Z = \frac{R^2+(\omega_0 L)^2}{R} \approx \frac{(\omega_0 L)^2}{R} = \frac{L}{RC}$$

所以

$$\dot{I}_0 = \frac{\dot{U}}{\dfrac{L}{RC}} \tag{4-49}$$

谐振时，由于电路呈现电阻性，电感电流 $\dot{I}_L$ 和电容电流 $\dot{I}_C$ 几乎大小相等，相位相反，

总电流很小，因此，电感或电容的电流大小有可能远远超过总电流，电感或电容的电流与总电流的比值称为品质因数，用 Q 来表示，其值为

$$Q = \frac{I_L}{I_0} = \frac{\omega_0 L}{R} \tag{4-50}$$

谐振现象由于它具有的某些特征而在无线电和电子技术中得到广泛的应用，但在电力系统中若发生谐振现象，可能破坏电力系统的正常工作状态，因此应尽量避免谐振的发生。

本章小结

本章介绍了正弦交流电的基本概念、单一参数电路元件的交流电路、正弦交流电路的一般分析方法、功率因数提高的意义和方法，以及电路的谐振。

1. 正弦交流电的基本概念

随时间按正弦规律周期性变化的电压和电流统称为正弦电量，或称为正弦交流电。在正弦交流电路中，如果已知了正弦量的三要素，即最大值（有效值）、角频率（频率）和初相，就可以写出它的瞬时值表达式，也可以画出它的波形图。

正弦量可以用相量来表示。正弦量与相量之间是一一对应的关系，而不是相等的关系。在正弦交流电路中，正弦量的运算可以转换成对应的相量进行运算，在相量运算时，还可以借助相量图进行辅助分析，使计算更加简化。

2. 单一参数电路元件的交流电路

单一参数电路元件的交流电路是理想化（模型化）的电路。其中电阻 R 是耗能元件，电感 L 和电容 C 是储能元件，实际电路可以由这些元件和电源的不同组合构成。

单一参数电路欧姆定律的相量形式是

$$\dot{U}_R = R \, \dot{I}_R$$

$$\dot{U}_L = jX_L \, \dot{I}_L$$

$$\dot{U}_C = -jX_C \, \dot{I}_C$$

它们反映了电压与电流的量值关系和相位关系，其中 $X_L = \omega L$ 为电感元件的感抗，$X_C = \dfrac{1}{\omega C}$ 为电容元件的容抗。

3. 正弦交流电路的一般分析方法

（1）电路分析的基本定律。基尔霍夫电流定律的相量形式为：$\sum \dot{I}_K = 0$。

基尔霍夫电压定律的相量形式为：$\sum \dot{U}_K = 0$。

（2）电路的分析方法。交流电路的分析方法与直流电路相似，即将直流电路中的各物理量 E、U、I 在交流电路中用相量的形式 $\dot{E}$、$\dot{U}$、$\dot{I}$ 来代替；直流电路中的电阻 R 用复阻抗 Z 来代替。

（3）交流电路的功率。在正弦交流电路中，任意阻抗 Z 所消耗的有功功率 $P = UI\cos\varphi$。$\cos\varphi$ 为功率因数。无功功率 $Q = UI\sin\varphi$，视在功率 $S = UI$。

有功功率、无功功率和视在功率三者之间的关系为 $S = \sqrt{P^2 + Q^2}$。

（4）功率因数的提高。提高功率因数可以使电源设备得到充分利用，降低线路损耗和线路压降。

提高功率因数的方法，主要采用在感性负载两端并联电容器的方法，对无功功率进行补偿。

4. 电路的谐振

谐振是正弦交流电路的特殊现象，谐振时电路中的电压与电流同相，电路呈阻性，其实质是电路中的电感与电容的无功功率实现完全的相互补偿。

习题4

4-1 试写出下列正弦量的相量形式，并画出相量图。

(1) $i_1 = 3\sqrt{2}\sin(\omega t + 45°)$ A   (2) $i_2 = 3\sqrt{2}\cos(\omega t + 30°)$ A

(3) $u_1 = 110\sqrt{2}\sin(\omega t + 75°)$ V   (4) $u_2 = 220\sqrt{2}\sin(\omega t + 15°)$ V

4-2 已知正弦量的频率 $f = 50$Hz，试写出下列相量所对应的正弦量瞬时表达式。

(1) $\dot{U}_m = 380\underline{/45°}$ V   (2) $\dot{U} = 220e^{j30°}$ V

(3) $\dot{I} = (8 + j6)$ A   (4) $\dot{I}_m = j5$A

4-3 正弦电压 $u_1 = 220\cos(\omega t + 75°)$ V，$u_2 = 110\sqrt{2}\sin(\omega t + 60°)$ V。试求它们的有效值、初相位以及相位差，并画出 u_1 和 u_2 的波形图。

4-4 在串联电路中，下列几种情况下，电路中的 R 和 X 各为多少？指出电路的性质及电压与电流的相位差。

(1) $\dot{U} = 8\underline{/45°}$ V，$\dot{I} = 4\underline{/15°}$ A   (2) $\dot{U} = 60\underline{/-30°}$ V，$\dot{I} = 3\underline{/15°}$ A

(3) $Z = (6 + j8)$ Ω   (4) $Z = (15 - j20)$ Ω

4-5 在图 4-34 电路中，已知正弦量的有效值分别为 $U = 220$V，$I_1 = 5$A，$I_2 = 3\sqrt{2}$ A，频率 $f = 50$Hz。试写出各正弦量的瞬时值表达式及其相量表达式。

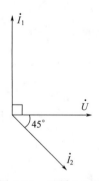

图 4-34 习题 4-5 图

4-6 如图 4-35 所示电路中，已知电流表 A_1、A_2、A_3 的读数都是 5A，试求电路中电流表 A 的读数。

4-7 将一个线圈接到 20V 直流电源时，通过的电流为 1A，将此线圈改接于 2000Hz、20V 的交流电源时，电流为 0.8A，求该线圈的电阻 R 和电感 L。

4-8 一电容接到工频 220V 的交流电源上，测得电流为 0.5A，求电容器的电容量 C；

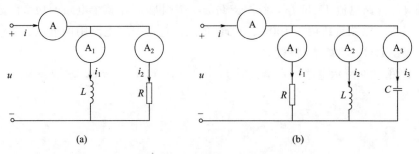

图 4-35　习题 4-6 电路图

若将电源频率变为 500Hz，则电路电流变为多大?

4-9　一个电阻为 R、电感为 L 的实际线圈，与电容 C 串联接到 $f=50$Hz、220V 的交流电源上，测得电流 $I=2$A，线圈上电压为 150V，电容上电压为 200V，求参数 R、L、C。

4-10　在图 4-36 所示电路中，$I_1=I_2=10$A，求 $\dot{I}$ 和 $\dot{U}_s$。

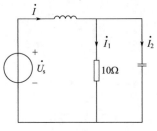

图 4-36　习题 4-10 图

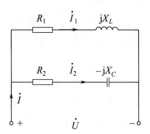

图 4-37　习题 4-11 图

4-11　在图 4-37 所示电路中，已知 $R_1=4\Omega$，$X_L=3\Omega$，$R_2=6\Omega$，$X_C=8\Omega$，电源电压的有效值 $U=10$V，试求各支路电流。

4-12　在 RLC 串联电路中，已知 $R=30\Omega$，$L=40$mH，$C=40\mu$F，$\omega=1000$rad/s，$\dot{U}=10\underline{/0^\circ}$V，试求 (1) 电路的阻抗 Z；(2) 电流 $\dot{I}$ 和电压 $\dot{U}_R$、$\dot{U}_L$ 和 $\dot{U}_C$；(3) 画出电压电流的相量图。

4-13　在 RLC 串联电路中，已知 $R=10\Omega$，$X_L=15\Omega$，$X_C=5\Omega$，电流 $\dot{I}=2\underline{/30^\circ}$A，试求 (1) 总电压 $\dot{U}$；(2) 功率因数 $\cos\varphi$；(3) 有功功率 P、无功功率 Q、视在功率 S。

4-14　在图 4-38 所示电路中，已知 $U=220$V，$R=6\Omega$，$X_L=8\Omega$，$X_C=20\Omega$，试求：

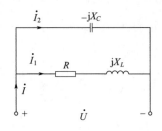

图 4-38　习题 4-14 图

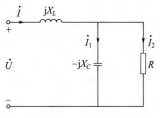

图 4-39　习题 4-16 图

电路总电流 I，支路电流 I_1 和 I_2，线圈支路的功率因数 λ_1，整个电路的功率因数 λ。

4-15　现将一感性负载接于 100V、50Hz 的交流电源时，电路中的电流为 10A，消耗的功率为 800W，试求：负载的功率因数 $\cos\varphi$、R、L。

4-16　如图 4-39 所示电路，在谐振时 $I_1=I_2=10$A，$U=50$V，求 R、X_L 及 X_C 的值。

第5章

三相电路

【内容提要】 本章首先介绍三相对称电源的产生及三相电源的星形和三角形连接的特点；然后介绍三相负载的连接及其分析和计算；最后介绍三相电路的功率及其计算和测量方法。

国内外的电力供电系统一般都采用三相电路。三相电路与单相电路相比有以下优点。

① 在尺寸相同的情况下，三相发电机比单相发电机的输出功率要高。

② 在相同的输电条件（电压、功率、距离和线路损失）下，三相输电线路可比单相输电线路节省较多的有色金属材料。

③ 三相交流电动机比单相电动机结构简单，性能好，便于维护。单相交流电路的瞬时功率是随时间变化的，对称三相电路的总瞬时功率是不随时间变化的，因此，三相电动机的转矩是恒定的，运转比单相电动机平稳。

5.1 对称三相电源的产生

对称三相电源是由三相交流发电机产生的，图 5-1（a）是三相交流发电机的示意图。发电机由定子和转子组成，定子内侧相隔 120°的槽内装有完全相同的三相定子绕组，分别用 U 相、V 相和 W 相表示。当转子以角速度 ω 旋转时，三相定子绕组中将感应出三个幅值相等、频率相同、相位互差 120°的正弦交流电压，如图 5-1（b）所示。

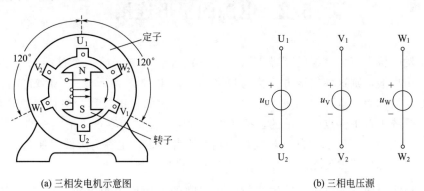

(a) 三相发电机示意图 (b) 三相电压源

图 5-1　三相电源的产生

若以 U 相电压为参考相量，则对称三相正弦电压的瞬时值表达式为

$$
\left.\begin{aligned}
u_U &= \sqrt{2}U\sin(\omega t) \\
u_V &= \sqrt{2}U\sin(\omega t - 120°) \\
u_W &= \sqrt{2}U\sin(\omega t + 120°)
\end{aligned}\right\} \tag{5-1}
$$

对应的相量形式为

$$
\left.\begin{aligned}
\dot{U}_U &= U\underline{/0°} \\
\dot{U}_V &= U\underline{/-120°} \\
\dot{U}_W &= U\underline{/120°}
\end{aligned}\right\} \tag{5-2}
$$

其波形和相量图如图 5-2 所示，它们之间的关系满足

$$
u_U + u_V + u_W = 0 \ \text{或} \ \dot{U}_U + \dot{U}_V + \dot{U}_W = 0
$$

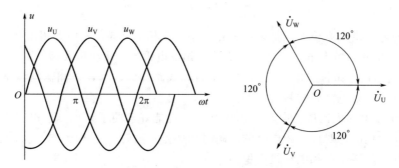

图 5-2　对称三相电压的波形图和相量图

三相电压达到最大值或零值的先后次序称为相序。图 5-2 所示的三相电压 u_U、u_V、u_W，在相位上依次滞后 120°时，其相序为 U→V→W，称为正序；与此相反，V 相超前 U 相 120°，W 相超前 V 相 120°时，称为逆序。我国供配电系统中，按正序用黄、绿、红三种颜色标定三相电源的相序，即 U 相为黄色、V 相为绿色、W 相为红色。

三相电源的连接一般有星形连接和三角形连接两种方式。

5.2　电源的星形连接

将三相发电机中三相绕组的尾端 U_2、V_2、W_2 连在一起，而三个首端 U_1、V_1、W_1 作为三个电源输出端，则这种连接方式称为星形连接，用 Y 来表示。三个尾端连接成的一点称为中性点，简称为中点，用 N 来表示；从中性点引出的输电线称为中性线，简称为中线。在低压供电系统中，中性点是接地的，把接大地的中性点称为零点，把接地的中性线称为零线。从首端 U_1、V_1、W_1 引出的三根线称为相线或者端线，也称为火线。如图 5-3 所示，此电路中有三相电源，四根传输线，称为三相四线制供电系统。

电源每相绕组两端的电压，即端线与中线之间的电压称为相电压，用 $\dot{U}_U$、$\dot{U}_V$ 和 $\dot{U}_W$ 表示。其参考方向规定为由端线指向中性线。任意两根端线之间的电压称为线电压，用 $\dot{U}_{UV}$、

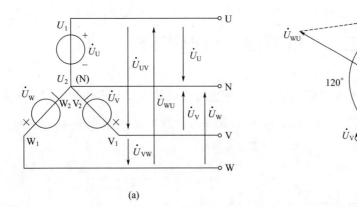

(a)   (b)

图 5-3   电压源的星形连接和相量图

$\dot{U}_{VW}$ 和 $\dot{U}_{WU}$ 表示，其参考方向规定为由 U 相指向 V 相，V 相指向 W 相，W 相指向 U 相。

由基尔霍夫电压定律可得

$$\left.\begin{array}{l}\dot{U}_{UV}=\dot{U}_{U}-\dot{U}_{V}\\[4pt]\dot{U}_{VW}=\dot{U}_{V}-\dot{U}_{W}\\[4pt]\dot{U}_{WU}=\dot{U}_{W}-\dot{U}_{U}\end{array}\right\} \tag{5-3}$$

把式（5-2）代入式（5-3），有

$$\left.\begin{array}{l}\dot{U}_{UV}=\sqrt{3}\,\dot{U}_{U}\underline{/30^{\circ}}\\[4pt]\dot{U}_{VW}=\sqrt{3}\,\dot{U}_{V}\underline{/30^{\circ}}\\[4pt]\dot{U}_{WU}=\sqrt{3}\,\dot{U}_{W}\underline{/30^{\circ}}\end{array}\right\} \tag{5-4}$$

相电压和线电压的相量图如图 5-3（b）所示。由图可以看出，三个相电压和线电压都是对称的，若相电压的有效值用 U_P 表示，线电压的有效值用 U_L 表示，则线电压有效值是相电压有效值的 $\sqrt{3}$ 倍，即 $U_L=\sqrt{3}U_P$。在相位上线电压超前对应的相电压 $30°$。

我国目前使用的三相四线制低压配电系统中相电压为 220V，线电压为 380V。一般写作"电源电压 380/220V"。一般家用电器及电子仪器所用电源为 220V 单相电源。低压动力设备（如三相交流电动机）、大功率用电设备等常采用线电压 380V 的三相电源。一般不作特别说明，电压都指线电压。

【例 5-1】 对称 Y 形连接的三相电源，线电压 $u_{UV}=380\sqrt{2}\sin(314t+45°)$ （V），试写出其他线电压和各相电压的瞬时值表达式。

解：根据对称关系，其他线电压和各相电压的表达式分别为

$$u_{VW}=380\sqrt{2}\sin(314t-75°) \text{ （V）}$$

$$u_{WU}=380\sqrt{2}\sin(314t+165°) \text{ （V）}$$

$$u_{U}=220\sqrt{2}\sin(314t+15°) \text{ （V）}$$

$$u_{V}=220\sqrt{2}\sin(314t-105°) \text{ （V）}$$

$$u_{W}=220\sqrt{2}\sin(314t+135°) \text{ （V）}$$

5.3　电源的三角形连接

把对称三相电源的首端和尾端依次相连，这种连接方式称为三角形连接，用△来表示，如图 5-4 所示。由图可知，当三相电源作三角形连接时，线电压就是相电压，$\dot{U}_{UV}=\dot{U}_U$，$\dot{U}_{VW}=\dot{U}_V$，$\dot{U}_{WU}=\dot{U}_W$，即

$$U_L=U_P$$

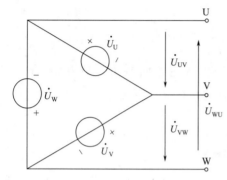

图 5-4　三相电源的三角形连接

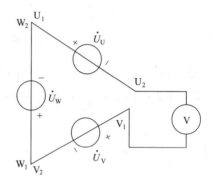

图 5-5　三相绕组角接顺序的测量

这种接法时电路只提供一种电压。当三相电源作三角形连接时，其闭合回路的阻抗并不大，但由于闭合回路中的总电压为零，即

$$\dot{U}_U+\dot{U}_V+\dot{U}_W=0$$

此时电源绕组内部不存在环流。如果将某一相绕组接反，则回路内总电压不为零，闭合回路中会产生很大的电流，将会使三相电源绕组过热，甚至烧毁。为了避免三相绕组顺序接错，三相发电机接成三角形连接时，先不要完全闭合，留下一个开口，并在开口处接上一只交流电压表，如图 5-5 所示。若测得回路总电压等于零，说明绕组连接正确，这时再把表拆下，将开口处接在一起，构成闭合回路。

5.4　三相负载

根据负载对供电电源的要求，可以分为单相负载和三相负载两大类。需要三相电源供电的负载，称为三相负载，通常功率较大的负载均为三相负载，如三相交流电动机、大功率三相电炉和三相整流装置等。只需要单相电源供电的负载，称为单相负载，通常功率较小的负载均为单相负载，如照明灯及家用电器。单相负载按一定的规则连接在一起也能组成三相负载。

为了使负载能够安全可靠地长期工作，应按照电源电压等于负载额定电压的原则，将负载接入三相供电系统，将负载尽可能均匀地分布到三相电源上，使三相电路的负载均衡，从而更合理地使用三相电源。

如果三相负载完全相同——阻抗模相等、阻抗角相等，则称为对称三相负载，如三相交

流电动机；如果不完全相同，则称为不对称三相负载，如照明电路。

三相负载的连接方式也有星形连接和三角形连接两种。

5.4.1 负载的星形连接

将每相负载的一端连在一起形成负载中性点 N′，与三相电源的中性点 N 相连，将三相负载的另一端与三相电源首端相接，这种连接方式称为负载的星形连接（Y形连接），如图5-6 所示。此时三相电源和三相负载之间用四根导线连接，称为三相四线制。

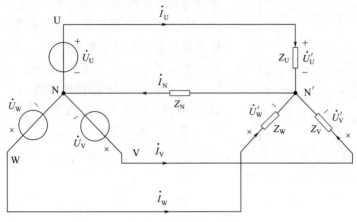

图 5-6　负载星形连接

图 5-6 中 $\dot{I}_U$、$\dot{I}_V$、$\dot{I}_W$ 为流过端线的线电流，称为线电流，同时它们也是流过每相负载的电流，又称为相电流；对于 Y 形连接的三相负载，其相电流就是线电流。即

$$I_P = I_L \tag{5-5}$$

$\dot{U}_{U'}$、$\dot{U}_{V'}$、$\dot{U}_{W'}$ 为每相负载的相电压，电路只有 2 个节点，利用节点电压法分析电路，其中 Z_N 为中性线阻抗，选择 N 为参考节点，有

$$\left(\frac{1}{Z_U}+\frac{1}{Z_V}+\frac{1}{Z_W}+\frac{1}{Z_N}\right)\dot{U}_{N'N}=\frac{\dot{U}_U}{Z_U}+\frac{\dot{U}_V}{Z_V}+\frac{\dot{U}_W}{Z_W} \tag{5-6}$$

$$\dot{U}_{N'N}=\frac{\dot{U}_U Y_U+\dot{U}_V Y_V+\dot{U}_W Y_W}{Y_U+Y_V+Y_W+Y_N}$$

每相负载的相电流为

$$\dot{I}_U=\frac{\dot{U}_{U'}}{Z_U}=\frac{\dot{U}_U-U_{N'N}}{Z_U}$$

$$\dot{I}_V=\frac{\dot{U}_{V'}}{Z_V}=\frac{\dot{U}_V-U_{N'N}}{Z_V} \tag{5-7}$$

$$\dot{I}_W=\frac{\dot{U}_{W'}}{Z_W}=\frac{\dot{U}_W-U_{N'N}}{Z_W}$$

中线电流为

$$\dot{I}_N=\dot{I}_U+\dot{I}_V+\dot{I}_W$$

1）三相负载对称

若三相负载对称，即 $Z_U=Z_V=Z_W$，则 $\dot{U}_{N'N}=0$，即电源中性点与负载中性点等电位。

此时各相负载电流大小相等，相位互差120°，是对称三相电流。中线电流 $\dot{I}_N = \dot{I}_U + \dot{I}_V + \dot{I}_W$ 为0，中线可以省去，这种供电方式称为三相三线制。负载相电压分别为 $\dot{U}_{U'} = \dot{U}_U$，$\dot{U}_{V'} = \dot{U}_V$，$\dot{U}_{W'} = \dot{U}_W$，三相负载电压等于三相电源电压，也是对称的。在分析计算时，只要分析计算其中一相的电流、电压就行了，其他两相可根据对称性直接写出，这就是对称三相 Y-Y 电路归结为一相计算的方法，如图5-7所示。

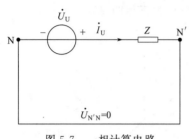

图 5-7　一相计算电路

综上所述，负载为星形连接的对称三相电路中，电路的基本关系为：

① 负载的相电压和线电压都是对称量，且线电压在数值上等于相电压的 $\sqrt{3}$ 倍，相位上超前于相应的相电压 30°；

② 各相电源和负载的相电流等于相应的线电流，相（线）电流也是对称量；

③ 中线电压为零，中线电流为零。

【例 5-2】 三相四线制电路如图5-6所示，已知每相负载阻抗 $Z = (6 + j8)\Omega$，外加线电压 $U_L = 380V$，试求每相负载的电流。

解： 因为 $U_L = 380V$

根据 Y-Y 型电路的特点 $U_p = \dfrac{1}{\sqrt{3}}U_L = \dfrac{1}{\sqrt{3}} \times 380 = 220(V)$

选 $\dot{U}_U$ 为参考相量，则 $\dot{U}_U = 220\underline{/0^\circ}\,V$

则

$$\dot{I}_U = \frac{\dot{U}_U}{Z} = \frac{220\underline{/0^\circ}}{6+j8} = 22\underline{/-53.1^\circ}\,(A)$$

根据对称性可知

$$\underline{/10^\circ}\,A$$
$$\dot{I}_W = 22\underline{/66.9^\circ}\,A$$

2）三相负载不对称

若三相负载不对称，则 $\dot{U}_{N'N} \neq 0$，即 N 点和 N' 点电位不同，两点不重合，称为中性点位移，如图5-8所示，负载上的相电压不再对称。

照明电路是不对称三相电路的典型应用。如图5-9所示的照明电路，作星形连接，设线电压380V，则相电压220V。有中性线时，由于各相独立，每相负载承受相电压220V，各相灯泡正常工作；若其中一相负载断路或短路，不会影响其他两相负载的正常工作。如果没有中性线，其中一相负载断路，其他两相负载串联之后承担线电压380V，将影响负载的正常工作；通过实验可以证明，带负载少的相承担的电压反而高。

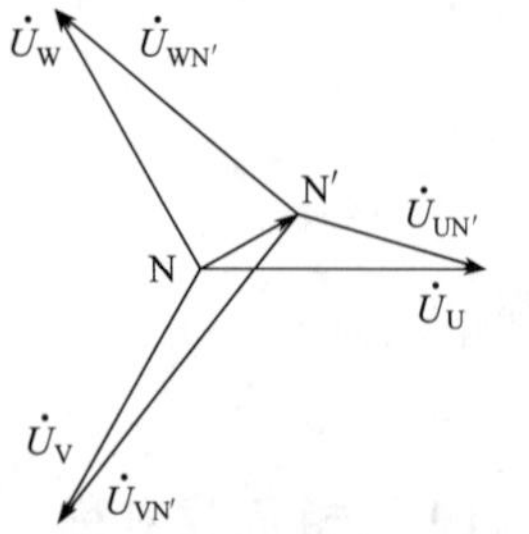

因此，在负载不对称的三相四线制供电系统中，中性线有非常重要的作用：一是用来为单相用电设备提供额定相电压；二是用来传导三相系统中的不平衡电流和单相电流；三是减小负载中性点的电位位移。所以，在中性线的干线上是不准接入熔断器和开关的，而且要用具有足够机械强度的导线作中性线。

图 5-8　不对称电路电压相量图

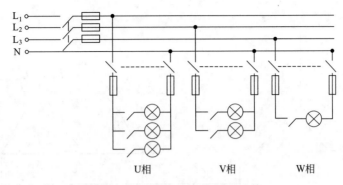

图 5-9　不对称三相负载 Y 形连接

【例 5-3】　一种相序指示器电路如图 5-10 所示，图中两个相同的灯泡用电阻 R 代替，如果使 $\dfrac{1}{\omega C}=R=\dfrac{1}{G}$，试说明在电源电压对称的情况下，该仪器如何确定电源的相序。

解：设电容器所在相为 U 相，令 $\dot{U}_U=U_P\angle 0°$，利用节点电压法，中性点间电压 $\dot{U}_{N'N}$ 为

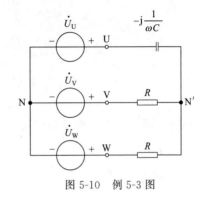

图 5-10　例 5-3 图

$$\dot{U}_{N'N}=\frac{\mathrm{j}\omega C\,\dot{U}_U+G\,\dot{U}_V+G\,\dot{U}_W}{\mathrm{j}\omega C+2G}$$

$$=(-0.2+\mathrm{j}0.6)\,U_P=0.63U_P\underline{/108.4°}$$

V 相灯泡承受的电压

$$\dot{U}_{VN'}=\dot{U}_{VN}-\dot{U}_{N'N}=1.5U_P\underline{/-101.5°}$$

所以

$$U_{VN'}=1.5U_P$$

同理，W 相灯泡承受的电压

$$\dot{U}_{WN'}=\dot{U}_{WN}-\dot{U}_{N'N}=0.4U_P\underline{/133.4°}$$

有

$$U_{WN'}=0.4U_P$$

由于 $U_{VN'}>U_{WN'}$，因此灯泡较亮的一相为 V 相，灯泡较暗的一相为 W 相。

5.4.2　负载的三角形连接

三个负载首尾顺次相连，构成三角形，并从各端点向外引出三条引线，与电源端相连接，即构成三相负载的三角形连接。如图 5-11 所示，该电路是三线三相制的 Y-△型对称三相电路。

由图 5-11 可知，负载端的线电压和相电压是相等的，即 $U_L=U_P$。相电流用 $\dot{I}_{UV}$、$\dot{I}_{VW}$ 和 $\dot{I}_{WU}$ 表示，则有

$$\dot{I}_{UV}=\frac{\dot{U}_{UV}}{Z_{UV}}$$

$$\dot{I}_{VW}=\frac{\dot{U}_{VW}}{Z_{VW}}$$

$$\dot{I}_{WU}=\frac{\dot{U}_{WU}}{Z_{WU}}$$

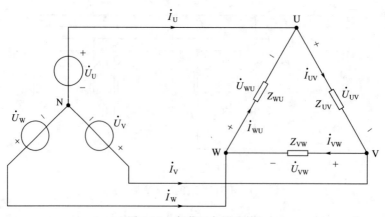

图 5-11　负载三角形连接

当三相负载对称时，有 $Z_{UV}=Z_{VW}=Z_{WU}=Z$，因此相电流为

$$
\begin{cases}
\dot{I}_{UV}=\dfrac{\dot{U}_{UV}}{Z_{UV}}=\dfrac{\dot{U}_{UV}}{Z} \\[3mm]
\dot{I}_{VW}=\dfrac{\dot{U}_{VW}}{Z_{VW}}=\dfrac{\dot{U}_{UV}\underline{/-120^\circ}}{Z}=\dot{I}_{UV}\underline{/-120^\circ} \\[3mm]
\dot{I}_{WU}=\dfrac{\dot{U}_{WU}}{Z_{WU}}=\dfrac{\dot{U}_{UV}\underline{/+120^\circ}}{Z}=\dot{I}_{UV}\underline{/+120^\circ}
\end{cases}
\tag{5-8}
$$

由式（5-8）可知，当三相负载对称时，三个相电流是对称的。根据 KCL 可得三个线电流 $\dot{I}_U$、$\dot{I}_V$、$\dot{I}_W$ 为

$$
\begin{aligned}
\dot{I}_U&=\dot{I}_{UV}-\dot{I}_{WU}=\sqrt{3}\,\dot{I}_{UV}\underline{/-30^\circ} \\
\dot{I}_V&=\dot{I}_{VW}-\dot{I}_{UV}=\sqrt{3}\,\dot{I}_{VW}\underline{/-30^\circ} \\
\dot{I}_W&=\dot{I}_{WU}-\dot{I}_{VW}=\sqrt{3}\,\dot{I}_{WU}\underline{/-30^\circ}
\end{aligned}
\tag{5-9}
$$

即对称负载三角形连接时，线电流是相电流的 $\sqrt{3}$ 倍，并且线电流滞后对应的相电流 30°，三个线电流也是对称的。线电流和相电流的相量图可用图 5-12 表示。

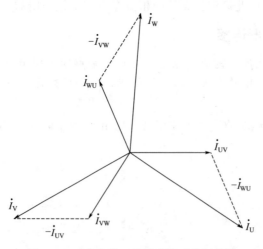

图 5-12　对称负载三角形连接时的相量图

综上所述，负载为三角形连接的对称三相电路中，电路的基本关系为：

① 负载的相电流和线电流都是对称量，且线电流由两相邻相电流决定，在数值上等于相电流的 $\sqrt{3}$ 倍，且相位上滞后于相应的相电流 $30°$；

② 负载的相电压等于相应电源的线电压。

【例 5-4】 对称负载接成三角形，接入线电压为 380V 的三相电源，已知每相负载阻抗 $Z=(6+j8)$ Ω，试求负载各相电流及各线电流。

解：设线电压 $\dot{U}_{UV}=380\,\underline{/0°}$ V，则相电流为

$$\dot{I}_{UV}=\frac{\dot{U}_{UV}}{Z}=\frac{380\,\underline{/0°}}{6+j8}=38\,\underline{/-53.1°}\text{ (A)}$$

由对称性，则有

$$\dot{I}_{VW}=38\,\underline{/-173.1°}\text{ (A)}$$

$$\dot{I}_{WU}=38\,\underline{/66.9°}\text{ (A)}$$

根据 △ 连接相电流和线电流的关系，可以写出线电流为

$$\dot{I}_{U}=\sqrt{3}\,\dot{I}_{UV}\,\underline{/-30°}=38\sqrt{3}\,\underline{/-83.1°}\text{ (A)}$$

同理，根据对称关系，有

$$\dot{I}_{V}=38\sqrt{3}\,\underline{/156.9°}\text{ (A)}$$

$$\dot{I}_{W}=38\sqrt{3}\,\underline{/36.9°}\text{ (A)}$$

【例 5-5】 一组对称三相负载，其每相复阻抗为 $Z_{\triangle}=19.2+j14.4$ （Ω），输电线阻抗为 $Z_{L}=3+j4$ （Ω），接在线电压为 380V 的对称三相电源上，如图 5-13 （a）所示。试求负载的相电流。

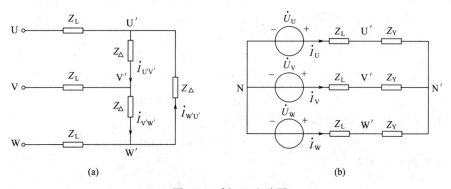

图 5-13　例 5-5 电路图

解：本例中负载是 △ 接，可先将 △ 接的三相负载转换为 Y 接，然后按 Y-Y 形对称电路归结为一相进行计算。Y 接的负载阻抗为

$$Z_{Y}=\frac{1}{3}Z_{\triangle}=6.4+j4.8=8\,\underline{/36.9°}\text{ (Ω)}$$

图 5-13 （a）可以等效变换为图 5-13 （b）所示电路，Y 接电源的相电压为 220V。设 U 相电压为参考相量，则

$$\dot{U}_{U}=220\,\underline{/0°}\text{ (V)}$$

线电流

$$\dot{I}_U = \frac{\dot{U}_U}{Z_L + Z_Y} = \frac{220\underline{/0^\circ}}{(3+j4)+(6.4+j4.8)}(A) = \frac{220\underline{/0^\circ}}{9.4+j8.8}(A) = 17\underline{/-43.1^\circ}(A)$$

U 相负载的相电流为

$$\dot{I}_{U'V'} = \frac{1}{\sqrt{3}}\dot{I}_U\underline{/30^\circ}(A) = 9.8\underline{/-13.1^\circ}(A)$$

其余两相负载中的电流可根据对称性写出。

5.5　三相电路的功率及测量

在三相电路中，三相负载吸收的平均功率等于各相负载的平均功率之和，即

$$P = P_U + P_V + P_W = U_U I_U \cos\varphi_U + U_V I_V \cos\varphi_V + U_W I_W \cos\varphi_W \tag{5-10}$$

式（5-10）中，U_U、U_V、U_W 为各相电压有效值；I_U、I_V、I_W 为各相电流的有效值；φ_U、φ_V、φ_W 分别为各相电压与相电流之间的相位差。

在对称电路中，各相负载吸收的平均功率相等，三相负载平均功率是每相的平均功率的 3 倍，式（5-10）可改写为

$$P = P_U + P_V + P_W = 3P_U = 3U_P I_P \cos\varphi \tag{5-11}$$

其中，U_P 为相电压，I_P 为相电流，φ 相电压与相电流之间的相位差，即每相负载的阻抗角或功率因数角。

当对称三相负载为星形连接时，$U_P = \dfrac{1}{\sqrt{3}}U_L$，$I_P = I_L$；当对称三相负载为三角形连接时，$U_P = U_L$，$I_P = \dfrac{1}{\sqrt{3}}I_L$。分别代入式（5-11），可得

$$P = \sqrt{3}U_L I_L \cos\varphi \tag{5-12}$$

可见，在对称电路中，不论负载是星接还是角接，三相电路的总的有功功率均可用式 $P = \sqrt{3}U_L I_L \cos\varphi$ 来表示。应注意式中 φ 均是相电压与相电流的相位差。

三相负载的无功功率等于各相无功功率之和，即

$$Q = Q_U + Q_V + Q_W = U_U I_U \sin\varphi_U + U_V I_V \sin\varphi_V + U_W I_W \sin\varphi_W \tag{5-13}$$

在对称三相电路中，则有

$$Q = 3U_P I_P \sin\varphi = \sqrt{3}U_L I_L \sin\varphi \tag{5-14}$$

三相负载的视在功率为

$$S = \sqrt{P^2 + Q^2} \tag{5-15}$$

在对称三相电路中，三相负载的视在功率为

$$S = \sqrt{P^2 + Q^2} = 3U_P I_P = \sqrt{3}U_L I_L \tag{5-16}$$

三相电路的功率因数可定义为

$$\cos\varphi' = \lambda = \frac{P}{S} \tag{5-17}$$

在对称的情况下，$\cos\varphi' = \cos\varphi$ 就是一相负载的功率因数。

三相负载的瞬时功率等于各相瞬时功率之和，即

$$p = p_U + p_V + p_W$$

对于对称三相电路，设 $u_U = \sqrt{2}U_P\sin\omega t$，$i_U = \sqrt{2}I_P\sin(\omega t - \varphi)$，$\varphi$ 为 u_U 与 i_U 的相位差，则

$$p_U = u_U i_U = U_P I_P[\cos\varphi - \cos(2\omega t - \varphi)]$$
$$p_V = u_V i_V = U_P I_P[\cos\varphi - \cos(2\omega t - \varphi - 240°)]$$
$$p_W = u_W i_W = U_P I_P[\cos\varphi - \cos(2\omega t - \varphi + 240°)]$$

所以

$$p = p_U + p_V + p_W = 3U_P I_P\cos\varphi$$

从上式可以看出，对称三相电路的瞬时功率是恒定的，是一个不随时间变化的常量，并且等于其平均功率。如果三相负载是电动机，虽然每相的电流随时间变化，但转矩的瞬时值和三相瞬时功率成正比，所以转矩也是恒定的，不会时大时小，这也是三相电优于单相电的原因之一。习惯上把这一性能称为瞬时功率平衡。

【例 5-6】 阻抗为 $Z = (16 + j12)\Omega$ 的对称三相负载，接在线电压为 380V 的星形连接对称三相电源上。分别计算把它们接成星形和三角形时的有功功率，并比较其结果。

解：每相负载的阻抗为　　$Z = (16 + j12)\Omega = 20\underline{/36.9°}(\Omega)$

负载为星形连接时

相电压
$$U_P = \frac{U_L}{\sqrt{3}} = 220(V)$$

相电流
$$I_P = I_L = \frac{U_p}{|Z|} = \frac{220}{20} = 11(A)$$

$$\cos\varphi = \frac{16}{20} = 0.8$$

总有功功率　　　$P_Y = 3U_p I_p\cos\varphi = 3 \times 220 \times 11 \times 0.8 = 5.81(kW)$

负载为三角形连接时

相电压
$$U_p = U_L = 380(V)$$

相电流
$$I_p = \frac{U_p}{|Z|} = \frac{U_L}{|Z|} = \frac{380}{20} = 19(A)$$

$$\cos\varphi = 0.8$$

总有功功率　　　$P_\triangle = 3U_p I_p\cos\varphi = 3 \times 380 \times 19 \times 0.8 = 17.33(kW)$

通过以上计算可知，在电源电压一定的情况下，三相负载的连接方式不同，负载所消耗的功率也不同，因此，三相负载在电源电压一定的情况下，都有确定的连接方式，不可任意连接。

下面讨论三相电路功率的测量方法。

1）对称三相电路有功功率

在对称三相电路中，无论负载是星形连接还是角形连接，无论是三相三线制还是三相四线制供电方式，都可以用一只功率表测出其中一相的有功功率，乘以 3 就是三相总有功功率，这种测量方法称为"一瓦计"法。

2）不对称三相四线制电路有功功率

三相四线制电路，当负载不对称时，可以用三只功率表分别测量，再把读数相加得到三相电路的总功率，这种测量方法称为"三瓦计"法，接线如图 5-14 所示，三相负载吸收的总功率 $P = P_1 + P_2 + P_3$。

3）三相三线制电路有功功率

三相三线制电路，可以用两只功率表测量其三相总功率，两只表读数的代数和即为三相负载吸收的三相总功率，这种测量方法称为"二瓦计"法。接线如图 5-15 所示。两只功率表的电流线圈分别串联在不同的两相电源线（U、V）上，并且电流线圈的"＊"端接在电源测；两只功率表的电压线圈"＊"端与各自电流线圈的"＊"端接在一起，电压线圈的非"＊"端共同接到无功率表电流线圈的端线（W）上。改变功率表电流线圈的接线，可以得到二瓦计法的另外两种接线方式。

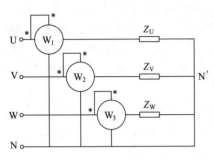

图 5-14　三瓦计法接线

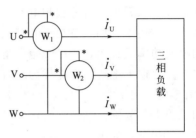

图 5-15　二瓦计法接线

设两个功率表的读数分别为 P_1 和 P_2，根据功率表的工作原理，有

$$P_1 = \text{Re}[\dot{U}_{\text{UW}} \dot{I}_{\text{U}}{}^*] \quad P_2 = \text{Re}[\dot{U}_{\text{VW}} \dot{I}_{\text{V}}{}^*]$$

所以
$$P_1 + P_2 = \text{Re}[\dot{U}_{\text{UW}} \dot{I}_{\text{U}}{}^* + \dot{U}_{\text{VW}} \dot{I}_{\text{V}}{}^*]$$

因为 $\dot{U}_{\text{UW}} = \dot{U}_{\text{U}} - \dot{U}_{\text{W}}, \dot{U}_{\text{VW}} = \dot{U}_{\text{V}} - \dot{U}_{\text{W}}, \dot{I}_{\text{U}}{}^* + \dot{I}_{\text{V}}{}^* = -\dot{I}_{\text{W}}{}^*$ 代入上式中，得

$$P_1 + P_2 = \text{Re}[(\dot{U}_{\text{U}} - \dot{U}_{\text{W}}) \dot{I}_{\text{U}}{}^* + (\dot{U}_{\text{V}} - \dot{U}_{\text{W}}) \dot{I}_{\text{V}}{}^*]$$

整理后，得

$$
\begin{aligned}
P_1 + P_2 &= \text{Re}[\dot{U}_{\text{U}} \dot{I}_{\text{U}}{}^* + \dot{U}_{\text{V}} \dot{I}_{\text{V}}{}^* + \dot{U}_{\text{W}} \dot{I}_{\text{W}}{}^*] \\
&= \text{Re}[\dot{U}_{\text{U}} \dot{I}_{\text{U}}{}^*] + \text{Re}[\dot{U}_{\text{V}} \dot{I}_{\text{V}}{}^*] + \text{Re}[\dot{U}_{\text{W}} \dot{I}_{\text{W}}{}^*] \\
&= \text{Re}[\overline{S}_{\text{U}}] + \text{Re}[\overline{S}_{\text{V}}] + \text{Re}[\overline{S}_{\text{W}}] \\
&= P_{\text{U}} + P_{\text{V}} + P_{\text{W}}
\end{aligned}
$$

由此可见，两只功率表读数的代数和等于三相三线制电路的总功率。应该注意的是：二瓦计法中单独一只功率表的读数是无意义的。在一定条件下，其中的一只功率表可能是负值，求代数和时该读数应取负值。

在图 5-15 所示对称三相电路中，可以证明

$$
\begin{cases}
P_1 = \text{Re}[\dot{U}_{\text{UW}} \dot{I}_{\text{U}}{}^*] = U_{\text{UW}} I_{\text{U}} \cos(30° - \varphi) = U_{\text{L}} I_{\text{L}} \cos(30° - \varphi) \\
P_2 = \text{Re}[\dot{U}_{\text{VW}} \dot{I}_{\text{V}}{}^*] = U_{\text{VW}} I_{\text{V}} \cos(30° + \varphi) = U_{\text{L}} I_{\text{L}} \cos(30° + \varphi)
\end{cases}
\tag{5-18}
$$

在图 5-16 所示对称三相电路中，可以证明

$$
\begin{cases}
P_1 = \text{Re}[\dot{U}_{\text{UW}} \dot{I}_{\text{U}}{}^*] = U_{\text{UV}} I_{\text{U}} \cos(30° + \varphi) = U_{\text{L}} I_{\text{L}} \cos(30° + \varphi) \\
P_2 = \text{Re}[\dot{U}_{\text{VW}} \dot{I}_{\text{V}}{}^*] = U_{\text{WV}} I_{\text{W}} \cos(30° - \varphi) = U_{\text{L}} I_{\text{L}} \cos(30° - \varphi)
\end{cases}
\tag{5-19}
$$

式（5-18）和式（5-19）中 φ 为负载的阻抗角。

【例 5-7】 图 5-16 所示，电动机的输入功率为 4.8kW，功率因数 $\cos\varphi = 0.8$，电源线电压为 380V。试计算图中两只功率表的读数。

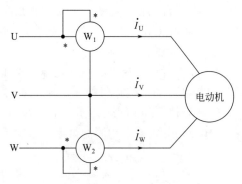

图 5-16　例 5-7 电路图

解： 由 $P = \sqrt{3}\,U_L I_L \cos\varphi$，可求

$$I_L = \frac{P}{\sqrt{3}\,U_L \cos\varphi} = \frac{4.8 \times 10^3}{\sqrt{3} \times 380 \times 0.8}(A) = 9.116(A)$$

$$\varphi = \arccos 0.8 = 36.9°$$

$$P_1 = U_{UV} I_U \cos(\varphi + 30°) = 380 \times 9.116 \times \cos(36.9° + 30°) = 1359.09(W)$$

$$P_2 = U_{WV} I_W \cos(\varphi - 30°) = 380 \times 9.116 \times \cos(36.9° - 30°) = 3438.99(W)$$

$$P_1 + P_2 = 4.8(kW)$$

本章小结

（1）三相交流发电机产生的是三个幅值相等、频率相同、相位互差 120° 的三相对称电源。三相电源有星形连接和角形连接两种连接方式。星形连接时，线电压的有效值是相电压的 $\sqrt{3}$ 倍，相位超前对应的相电压 30°，可以采用三相三线制或三相四线制供电方式。角形连接时，线电压与相电压相等。

（2）三相负载作星形连接时，各相负载承受相电压，线电流等于相电流。若负载对称，则中性线电流为零，中性线可省。但如果三相负载不对称，则必须接中性线，以保证各相的相电压对称。

（3）三相负载作三角形连接时，各项负载承受线电压，线电流等于相邻两相电流之差。若负载对称，则线电流的有效值是相电流的 $\sqrt{3}$ 倍，线电流相位滞后对应的相电流 30°。

（4）三相负载可分别计算各相的有功功率、无功功率，相加后即可得三相负载的有功功率和无功功率，三相负载的视在功率为 $S = \sqrt{P^2 + Q^2}$。

若三相负载对称，则不论是星形连接还是三角形连接，都可以用以下公式计算三相功率。

$$P = 3U_P I_P \cos\varphi = \sqrt{3}\,U_L I_L \cos\varphi$$

$$Q = 3U_P I_P \sin\varphi = \sqrt{3}\,U_L I_L \sin\varphi$$

$$S = \sqrt{P^2 + Q^2} = 3U_P I_P = \sqrt{3}\,U_L I_L$$

式中，φ 角是相电压与相电流的相位差角，即每相负载的阻抗角或功率因数角。

习题5

5-1　正序对称三相电压作星形连接，若线电压 $\dot{U}_{VW} = 380\underline{/180°}\,V$，求相电压 $\dot{U}_U$。

5-2　已知星形连接的三相对称电源中，$u_{VW} = 220\sqrt{2}\sin(\omega t - 90°)\,V$，试写出 u_{UV}、u_{WU}、u_U、u_V、u_W 的表达式。

5-3 有一台三相发电机，其绕组连成星形，每相额定电压为 220V。在一次试验时，电压表测得相电压 $U_U=U_V=U_W=220V$，而线电压则为 $U_{UV}=U_{WU}=220V$，$U_{VW}=380V$，试问这种现象是如何引起的？

5-4 已知对称三相电路中，电源线电压 380V，负载阻抗 $Z=(30+j40)\Omega$。求负载分别为星形连接和三角形连接时的相电流 I_p 和线电流 I_L。

5-5 不对称星形负载如图 5-17 所示，电源电压对称，线电压为 380V，U 相感抗为 ωL；其他两相分别接入相同的灯泡，电阻为 R，其中 $\omega L=R$，试证明灯光较亮的是 W 相。

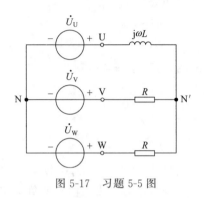

图 5-17 习题 5-5 图

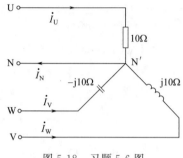

图 5-18 习题 5-6 图

5-6 图 5-18 所示电路中，对称三相电源 $\dot{U}_{UV}=380\underline{/0°}$ V，试计算各相电流及中性线电流。若无中性线再计算各相电流。

5-7 已知图 5-19 所示对称星形负载 $Z=(15+j20)\Omega$，线路阻抗 $Z_1=(1+j2)\ \Omega$，中线阻抗 $Z_N=(0.8+j1)\ \Omega$，对称三相电源电压 $u_U=220\sqrt{2}\sin(\omega t+30°)$V。试求星形负载的各相电压，并作出电路的相量图。

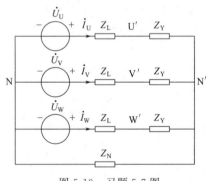

图 5-19 习题 5-7 图

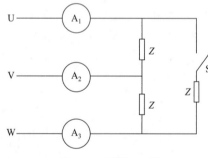

图 5-20 习题 5-9 图

5-8 已知对称三相电路，线电压为 $\dot{U}_{UV}=225\underline{/30°}$ V，每相负载阻抗 $Z=(5+j5)\Omega$，三角形连接，求：各线电流的瞬时值表达式，并作相量图。

5-9 图 5-20 所示三相电路，已知开关 S 闭合时，各电流表的读数均为 10A，试求开关 S 断开后各电流表的读数。

5-10 图 5-21 所示对称三相电路，已知电源的线电压为 380V，假设图中功率表是理想的，线路电阻 $R=2\Omega$，负载每相阻抗 $Z=(12+j18)\ \Omega$。求三角形负载的线电压、线电流有效值和功率表的读数。

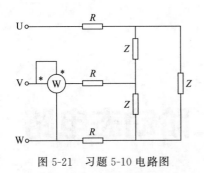

图 5-21 习题 5-10 电路图

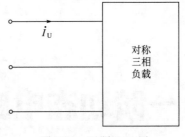

图 5-22 习题 5-11 图

5-11 图 5-22 所示为对称三相电路,已知电源线电压 $\dot{U}_{UV} = 380\underline{/75^\circ}$ V,线电流 $\dot{I}_U = 5\underline{/10^\circ}$ A,求此负载的功率因数和吸收的平均功率。

5-12 对称三相电路的线电压 $U_L = 380$V,负载阻抗 $Z = (12+\mathrm{j}16)$ Ω,无线路阻抗,试求:

(1) 当负载星形连接时的线电流及吸收的功率。

(2) 当负载三角形连接时的线电流、相电流和吸收的功率。

(3) 比较(1)和(2)的结果,能得出什么结论?

5-13 某对称负载的功率因数 $\cos\varphi = 0.866$(感性),当接于线电压为 380V 的对称三相电源时,平均功率为 30kW。分别计算负载为星形连接和三角形连接时的每相等效阻抗。

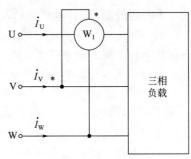

图 5-23 习题 5-14 图

5-14 图 5-23 所示电路中,已知功率表的读数为 4000W。试求此负载吸收的无功功率。

第6章

一阶动态电路和二阶动态电路

【内容提要】 本章讨论的是含有电感电容这种动态元件的动态电路的时域分析。首先介绍一阶电路的特点及分析方法，换路定律及初始值的确定；然后介绍一阶电路的各种响应，包括零输入响应、零状态响应和全响应，以及三要素分析法；最后介绍一阶电路的阶跃响应和二阶动态电路的特点及分析。

前面几章的内容，无论是直流电路还是正弦稳态电路中，电流和电压要么是常量，要么是周期量。电路的这种工作状态称为稳定状态，简称稳态。当电路含有储能元件（如电感、电容），且电路的结构或元件参数发生改变时，电路的工作状态将由原来的稳态转变到另一个稳态，这个过程称为过渡过程，处于过渡过程的电路叫做动态电路。

过渡过程在工程实际中是十分重要的。例如，在电子技术中常用过渡过程改善或产生某些特定的波形；某些电路在接通或断开时也会产生过电压或过电流现象，从而使电气设备遭到损坏。因此，分析研究电路的过渡过程十分重要。

分析线性动态电路的依据是基尔霍夫定律和元件的伏安关系。如果建立起描述电路的方程是一阶电路，则称该电路为一阶电路；如果描述方程是二阶微分方程，则称为二阶电路，以此类推。求解微分方程时积分常数必须由初始条件来确定，所以首先要介绍如何确定电路的初始值。

6.1　电路初始值的确定

在动态电路中，当电路的结构或者元件参数发生变化时，称电路发生了换路。如电源或者其他元件的接入与断开，或发生短路、断路等情况。电路在发生换路时，储能元件的能量是不能跃变的。电感的储能为 $W_L = \dfrac{1}{2}Li^2$，电容的储能为 $W_C = \dfrac{1}{2}Cu^2$，故在换路瞬间电感中的电流 i_L 和电容中的电压 u_C 不能发生跃变，这就是换路定律。

设以换路瞬间作为计时起点，令此时 $t=0$，换路前终了瞬间用 $t=0_-$ 来表示，换路后的初始瞬间用 $t=0_+$ 来表示，则换路定律可表示为

$$\begin{cases} u_C(0_+) = u_C(0_-) \\ i_L(0_+) = i_L(0_-) \end{cases} \tag{6-1}$$

需要强调的是，换路定律成立的条件是换路瞬间电容电流和电感电压是有限值，而且电

容元件的电流和电感元件的电压，在换路瞬间是可以跃变的。

电路中各元件的电压与各支路电流在 $t=0_+$ 时的值，是电路的初始值。电容元件的初始电压 $u_C(0_+)$ 及电感元件的初始电流 $i_L(0_+)$，可以按换路定律确定。其他电压、电流的初始值都通常采用 $t=0_+$ 等效电路法来求。其具体步骤如下：

（1）由换路前的稳态电路求出换路前的电容电压 $u_C(0_-)$ 和电感电流 $i_L(0_-)$。如果是直流激励，则电容相当于开路，电感相当于短路。

（2）由换路定律，求得换路后电容电压 $u_C(0_+)$ 和电感电流 $i_L(0_+)$。

（3）画出 $t=0_+$ 时原电路的等效电路，用一个电流值为 $i_L(0_+)$ 的理想电流源替代原电路的电感元件；用一个电压值为 $u_C(0_+)$ 的理想电压源替代电容元件。注意：此时的等效电路是一个电阻电路。

（4）在 $t=0_+$ 等效电路中，计算其余电压、电流的初始值。

【例 6-1】 图 6-1（a）所示电路，在 $t<0$ 时处于稳态，$t=0$ 时开关突然接通。求初始值 $i_L(0_+)$、$u_C(0_+)$、$u_1(0_+)$、$u_L(0_+)$ 及 $i_C(0_+)$。

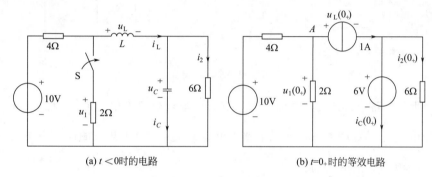

(a) $t<0$ 时的电路   (b) $t=0_+$ 时的等效电路

图 6-1　例 6-1 电路图

解：第一步，在 $t<0$ 时电路处于稳态，电容相当于开路，电感相当于短路，于是求得换路前的电感电流和电容电压。

$$i_L(0_-)=\frac{10}{4+6}=1(\text{A}) \qquad u_C(0_-)=6\times i_L(0_-)=6(\text{V})$$

第二步，由换路定律得 $i_L(0_+)=i_L(0_-)=1\text{A}$，$u_C(0_+)=u_C(0_-)=6\text{V}$。

第三步，画出 $t=0_+$ 时的等效电路，如图 6-1（b）所示，此时电感 L 相当于一个 1A 的电流源，电容 C 相当于一个 6V 的电压源。

第四步，根据 $t=0_+$ 时的等效电路，计算非独立初始值。

应用节点电压法列节点 A 的电压方程为：$u_1(0_+)\left(\dfrac{1}{4}+\dfrac{1}{2}\right)=\dfrac{10}{4}-1$

解得 $\qquad\qquad\qquad\qquad\qquad u_1(0_+)=2\text{V}$

根据 KVL 和 KCL 进一步求得

$$u_L(0_+)=u_1(0_+)-u_C(0_+)=-4\text{V}$$

$$i_C(0_+)=i_L(0_+)-i_2(0_+)=1-\frac{u_C(0_+)}{6}=0$$

6.2 一阶电路的分析

6.2.1 一阶电路的全响应

只含有一个储能元件（电容或电感），或最终可以化简为一个 RC 回路或 RL 回路的电路，即为一阶电路。在一阶电路中，由外施激励和储能元件的初始储能共同产生的响应，称为全响应。

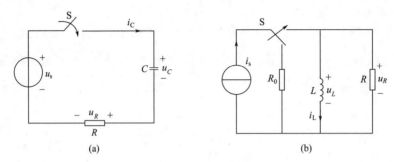

图 6-2　全响应电路

图 6-2 所示电路中，开关闭合前，图 6-2(a)中电容器已充电至 U_0，图 6-2(b)中，电感中已有初始电流 I_0。如图 6-2(a)所示电路以电容电压 $u_C(t)$ 为待求响应，由于 $i_C = C \dfrac{\mathrm{d}u_C}{\mathrm{d}t}$，$u_R = i_C R$，$t \geq 0$ 时，由 KVL 得

$$RC \frac{\mathrm{d}u_C}{\mathrm{d}t} + u_C = u_S$$

$$\frac{\mathrm{d}u_C}{\mathrm{d}t} + \frac{1}{RC}u_C = \frac{1}{RC}u_S \tag{6-2}$$

如图 6-2(b)所示电路以电感电流 $i_L(t)$ 为待求响应，由于 $u_L = L \dfrac{\mathrm{d}i_L}{\mathrm{d}t}$，$i_R = \dfrac{u_L}{R}$，$t \geq 0$ 时，由 KCL 得

$$\frac{L}{R}\frac{\mathrm{d}i_L}{\mathrm{d}t} + i_L = i_s$$

$$\frac{\mathrm{d}i_L}{\mathrm{d}t} + \frac{R}{L}i_L = \frac{R}{L}i_s \tag{6-3}$$

观察上述电路及其对应的方程，有如下结论：

任何一个线性电路，其数学模型可以整理成一个形式如式（6-4）的方程。

$$\frac{\mathrm{d}f(t)}{\mathrm{d}t} + af(t) = g(t) \tag{6-4}$$

方程中，$f(t)$ 可以是任意一处的电压或电流的响应，a 是由电路结构和参数决定的常数，$g(t)$ 是由激励源确定的函数。式（6-4）为一阶常系数线性非齐次微分方程，其解有两部分构成：一部分是非齐次特解 $f_1(t)$；另一部分是齐次通解 $f_2(t)$，即

$$f(t) = f_1(t) + f_2(t) \tag{6-5}$$

其中，通解 $f_2(t)$ 是式(6-4)所对应的齐次方程的解，即

$$f_2(t) = A\mathrm{e}^{-at}$$

其中 A 为积分常数，必须由初始条件确定。

非齐次特解 $f_1(t)$ 就是电路的稳态解，即响应的稳态值。

综上所示，式（6-4）的全解为

$$f(t) = f_1(t) + A\mathrm{e}^{-at} \tag{6-6}$$

将初始值代入，即可确定式（6-6）中的常数 A，设待求函数 $f(t)$ 在 $t=0_+$ 时的值为 $f(0_+)$，则 $f(0_+) = f_1(t)\,|_{t=0_+} + A$，所以

$$A = f(0_+) - f_1(t)|_{t=0_+}$$

再将积分常数代回式(6-6)，并令 $\tau = \dfrac{1}{a}$，得

$$f(t) = f_1(t) + [f(0_+) - f_1(t)|_{t=0_+}]\mathrm{e}^{-\frac{t}{\tau}} \tag{6-7}$$

式(6-7)称为求解一阶电路动态响应的三要素公式。式中的三个要素分别为：$f_1(t)$ 稳态值，$f(0_+)$ 初始值，τ 时间常数。对于任意一个一阶电路，只要求得上述三个要素，代入式(6-7)都可以得到电路的动态响应 $f(t)$。

若换路后电路的激励源是直流电源，则稳态值 $f_1(t)$ 是一个常数，可用 $f(\infty)$ 表示，式(6-7)可改写为

$$f(t) = f(\infty) + [f(0_+) - f(\infty)]\mathrm{e}^{-\frac{t}{\tau}} \tag{6-8}$$

对照式(6-2)~式(6-4)及 $\tau = \dfrac{1}{a}$ 可知，一阶 RC 电路的时间常数为

$$\tau = RC \tag{6-9}$$

一阶 RL 电路的时间常数为

$$\tau = \frac{L}{R} \tag{6-10}$$

其中 C 和 L 是一阶电路的等效的动态元件参数，R 是将等效的动态元件支路断开后，剩余电路的戴维南等效电路的等效电阻。当 R 的单位为欧姆（Ω），C 的单位为法拉（F），L 的单位为亨利（H）的时候，τ 的单位为 s。

在三要素公式(6-7)中，全响应 $f(t)$ 由两部分组成：一部分是强制分量 $f_1(t)$；另一部分 $[f(0_+) - f_1(t)|_{t=0_+}]\mathrm{e}^{-\frac{t}{\tau}}$ 是响应的自由分量。随着时间 t 的增长，自由分量逐渐衰减，动态过程结束，自由分量衰减为零。时间常数的大小决定了自由分量衰减的快慢，假设自由分量的初始值为 K，经过一个时间常数 τ 所对应的时间后，自由分量衰减为

$$K\mathrm{e}^{-1} = 0.368K$$

所以 τ 就是自由分量由最初的值衰减到初始值的 0.368 所需的时间。经过 2τ、3τ、4τ……后，自由分量衰减情况如表 6-1 所示。从表中可明显看出，经过 $3\tau \sim 5\tau$ 的时间后，响应的值已衰减到初始值的 5% 以下。在工程实际中通常认为经过（3~5）τ 后，电路的过渡过程已经结束，电路已经进入新的稳定状态。时间常数 τ 越大，动态过程持续的时间越长。

表 6-1　$\mathrm{e}^{-\frac{t}{\tau}}$ 随时间变化的数值

t	τ	2τ	3τ	4τ	5τ	$\cdots$	∞
$\mathrm{e}^{-\frac{t}{\tau}}$	0.368	0.135	0.050	0.018	0.007	$\cdots$	0

【例6-2】 如图6-3所示含受控源电路，开关S动作前电路已处于稳态，在 $t=0$ 时开关 S由1合至2。求 $t \geq 0$ 时的 $i_L(t)$、$u_L(t)$ 和 $i(t)$。

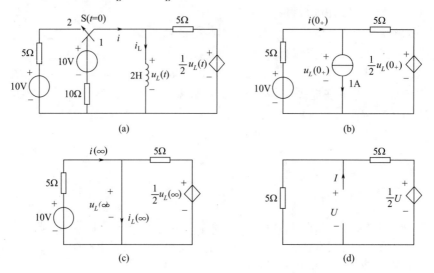

图 6-3 例 6-2 电路图

解：（1）求 $i_L(0_-)$。

开关动作前，电路已处于稳态，2H电感相当于短路线，故 $i_L(0_-)=1\text{A}$。

（2）$i_L(0_+)=i_L(0_-)=1\text{A}$。

（3）作 $t=0_+$ 时等效电路如图6-3（b）所示，这时电感相当于1A的电流源。求相关初始值 $u_L(0_+)$、$i(0_+)$，列出节点电压方程

$$\left(\frac{1}{5}+\frac{1}{5}\right)u_L(0_+)=\frac{10}{5}-1+\frac{\frac{1}{2}u_L(0_+)}{5}$$

$$u_L(0_+)=\frac{10}{3}\text{V}$$

$$i(0_+)=\frac{10-u_L(0_+)}{5}=\frac{4}{3}\text{A}$$

（4）求稳态值 $i_L(\infty)$、$u_L(\infty)$、$i(\infty)$。作 $t=\infty$ 时稳态等效电路如图6-3(c)所示，则有

$$u_L(\infty)=0$$

$$i(\infty)=i_L(\infty)=\frac{10}{5}=2(\text{A})$$

（5）求时间常数 τ。先计算电感断开后，由端口看入的等效电阻，其等效电路如图6-3 (d)所示。图中在端口外加电压 U，产生输入电流 I

$$I=\frac{U}{5}+\frac{U-\frac{1}{2}U}{5}=\frac{U}{5}+\frac{U}{10}=\frac{3}{10}U$$

$$R=\frac{U}{I}=\frac{10}{3}\Omega$$

$$\tau=\frac{L}{R}=0.6\text{s}$$

（6）由三要素公式可得

$$i_L(t)=i_L(\infty)+[i_L(0_+)-i_L(\infty)]\mathrm{e}^{-\frac{t}{\tau}}=2+(1-2)\mathrm{e}^{-\frac{5}{3}t}=2-\mathrm{e}^{-\frac{5}{3}t} \qquad t\geqslant0$$

$$u_L(t)=u_L(\infty)+[u_L(0_+)-u_L(\infty)]\mathrm{e}^{-\frac{t}{\tau}}=0+\left(\frac{10}{3}-0\right)\mathrm{e}^{-\frac{5}{3}t}=\frac{10}{3}\mathrm{e}^{-\frac{5}{3}t} \qquad t\geqslant0$$

$$i(t)=i(\infty)+[i(0_+)-i(\infty)]\mathrm{e}^{-\frac{t}{\tau}}=2+\left(\frac{4}{3}-2\right)\mathrm{e}^{-\frac{5}{3}t}=2-\frac{2}{3}\mathrm{e}^{-\frac{5}{3}t} \qquad t\geqslant0$$

6.2.2 一阶电路的零输入响应

1）RC 电路的零输入响应

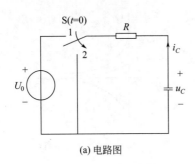 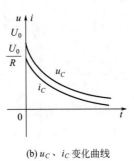

(a) 电路图　　　　　　　　　(b) u_C、i_C 变化曲线

图 6-4　RC 电路的零输入响应

在图 6-4（a）所示电路中，换路前即 $t<0$ 时，开关 S 打在 1 的位置，且电路处于稳态，电容已被充电，电容电压 $u_C(0_-)=U_0$，电容的初始储能为 $\frac{1}{2}CU_0^2$。当 $t=0$ 时，开关 S 由位置 1 打向位置 2，根据换路定律，$u_C(0_+)=u_C(0_-)=U_0$，此时电路外部激励为零，仅在电容初始储能的作用下，通过电阻 R 进行放电，从而在电路中引起电压、电流的变化，故为零输入响应。开关打到 2 以后，根据三要素法可知

$$u_C(0_+)=u_C(0_-)=U_0 \qquad i_C(0_+)=\frac{U_0}{R}$$

当电路达到新的稳态时，电容放电结束，故稳态值

$$u_C(\infty)=0 \qquad i_C(\infty)=0$$

时间常数

$$\tau=RC$$

代入三要素公式

$$u_C(t)=u_C(\infty)+[u_C(0_+)-u_C(\infty)]\mathrm{e}^{-\frac{t}{\tau}}=u_C(0_+)\mathrm{e}^{-\frac{t}{\tau}}=U_0\mathrm{e}^{-\frac{t}{\tau}} \quad t\geqslant0 \qquad (6\text{-}11)$$

$$i_C(t)=i_C(\infty)+[i_C(0_+)-i_C(\infty)]\mathrm{e}^{-\frac{t}{\tau}}=i_C(0_+)\mathrm{e}^{-\frac{t}{\tau}}=\frac{U_0}{R}\mathrm{e}^{-\frac{t}{\tau}} \qquad t\geqslant0 \qquad (6\text{-}12)$$

根据式(6-11)、式(6-12)，可得 $u_C(t)$、$i_C(t)$ 随时间变化的曲线如图 6-4(b)所示，所示电容电压和电流是随时间按同一指数规律衰减的，经过一个时间常数 τ，电容电压衰减为初始值的 0.368。

在上述放电过程中，电容逐渐放出其储能，为电阻所消耗，此间电阻消耗的能量为

$$W_R=\int_0^\infty Ri^2\,\mathrm{d}t=\int_0^\infty R\left(\frac{U_0}{R}\mathrm{e}^{-\frac{t}{RC}}\right)^2\mathrm{d}t=\frac{U_0^2}{R}\int_0^\infty \mathrm{e}^{-\frac{2t}{RC}}\,\mathrm{d}t=-\frac{1}{2}CU_0^2(\mathrm{e}^{-\frac{2t}{RC}})\big|_0^\infty=\frac{1}{2}CU_0^2$$

其值正好等于电容的初始储能。可见，电容中原先储存的电场能量 $W_C = \frac{1}{2}CU_0^2$ 全部被电阻吸收而转换为热能。

2）RL 电路的零输入响应

如图 6-5（a）所示电路中，当 $t=0$ 时，开关 S 由位置 1 打向位置 2，根据换路定律，$i_L(0_+) = i_L(0_-) = I_0$，此时电路外部激励为零，仅在电感初始储能的作用下，通过电阻 R 进行放电，从而在电路中引起电压、电流的变化，故为零输入响应。电感的初始储能为 $\frac{1}{2}LI_0^2$。开关打到 2 以后，根据三要素法可知

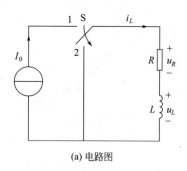

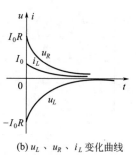

(a) 电路图　　　　　　　　　(b) u_L、u_R、i_L 变化曲线

图 6-5　RL 电路的零输入响应

$$i_L(0_+) = i_L(0_-) = I_0 \qquad u_L(0_+) = I_0 R$$

当电路达到新的稳态时，电感放电结束，故稳态值

$$i_L(\infty) = 0 \qquad u_L(\infty) = 0$$

时间常数

$$\tau = \frac{L}{R}$$

代入三要素公式

$$i_L(t) = i_L(\infty) + [i_L(0_+) - i_L(\infty)]e^{-\frac{t}{\tau}} = i_L(0_+)e^{-\frac{t}{\tau}} = I_0 e^{-\frac{t}{\tau}} \quad t \geqslant 0 \tag{6-13}$$

$$u_L(t) = u_L(\infty) + [u_L(0_+) - u_L(\infty)]e^{-\frac{t}{\tau}} = u_L(0_+)e^{-\frac{t}{\tau}} = IR_0 e^{-\frac{t}{\tau}} \quad t \geqslant 0 \tag{6-14}$$

$$u_R(t) = i_L R = I_0 R e^{-\frac{t}{\tau}} \tag{6-15}$$

根据式(6-13)、式(6-15)可得，$i_L(t)$、$u_L(t)$ 和 $u_R(t)$ 随时间变化的曲线如图 6-4(b)所示。

【例 6-3】 如图 6-6 所示电路，已知 $U_S = 450\text{V}$，$R_1 = 100\Omega$，$R_2 = 50\Omega$，$R_3 = 50\Omega$，$C = 0.5\mu\text{F}$，电路原先已处于稳态，在 $t=0$ 时将开关 S 打开，试求 $t>0$ 时电路的电流 $i(t)$，以及接通电路后经过多长时间电容电压降至 74V。

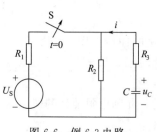

图 6-6　例 6-3 电路

解：(1)电路原先已处于稳态，所以

$$u_C(0_-) = \frac{R_2}{R_1 + R_2}U_S = \frac{50}{100+50} \times 450(\text{V}) = 150(\text{V})$$

(2)根据换路定律

$$u_C(0_+) = u_C(0_-) = 150\text{V}$$

$$i(0_+) = \frac{u_C(0_+)}{R_2 + R_3} = \frac{150}{100+50} = 1(\text{A})$$

(3)换路后时间常数

$$\tau = (R_2 + R_3)C = (50 + 50) \times 0.5 \times 10^{-6} = 0.5 \times 10^{-4}(\text{s})$$

由式(6-11)可知

$$u_C(t) = u_C(0+)\mathrm{e}^{-\frac{t}{\tau}} = 150\mathrm{e}^{-2 \times 10^4 t}\,\text{V} \qquad t \geqslant 0$$

$$i(t) = i(0+)\mathrm{e}^{-\frac{t}{\tau}} = \mathrm{e}^{-2 \times 10^4 t}\,\text{A} \qquad t \geqslant 0$$

当 $u_C(t) = 74\text{V}$ 时，$t = -\tau\ln\dfrac{74}{150} = 0.0353\text{ms}$

6.2.3　一阶电路的零状态响应

1) RC 电路的零状态响应

图 6-7 所示的 RC 串联电路，开关 S 闭合前电容 C 未充电，即 $u_C(0-) = 0$，即动态元件的初始储能为 0，电路与恒压源接通，电压源 U_S 开始向电容充电，这种仅由外部激励引起的响应，称为零状态响应。换路瞬间，$u_C(0+) = u_C(0-) = 0$，电容元件相当于短路，此时充电电流最大，$i(0+) = \dfrac{U_S}{R}$。直至电容电压 u_C 等于电源电压 U_S，电流 i 为零，电容相当于开路，充电停止，电路达到新的直流稳态。由三要素法可知

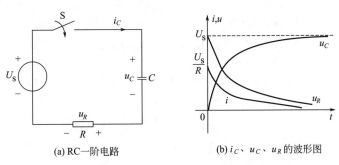

(a) RC 一阶电路　　　　　　　　(b) i_C、u_C、u_R 的波形图

图 6-7　RC 电路的零状态响应

$$u_C(0+) = u_C(0-) = 0 \qquad i(0+) = \frac{U_S}{R}$$

稳态值

$$u_C(\infty) = U_S \qquad i(\infty) = 0$$

时间常数

$$\tau = RC$$

代入三要素公式

$$u_C(t) = u_C(\infty) + [u_C(0+) - u_C(\infty)]\mathrm{e}^{-\frac{t}{\tau}} = u_C(\infty)(1 - \mathrm{e}^{-\frac{t}{\tau}}) = U_S(1 - \mathrm{e}^{-\frac{t}{\tau}}) \quad t \geqslant 0 \quad (6\text{-}16)$$

$$i_C(t) = i_C(\infty) + [i_C(0+) - i_C(\infty)]\mathrm{e}^{-\frac{t}{\tau}} = \frac{U_S}{R}\mathrm{e}^{-\frac{t}{\tau}} \qquad t \geqslant 0 \qquad (6\text{-}17)$$

$$u_R = U_S - u_C = U_S\mathrm{e}^{-\frac{t}{\tau}}, t \geqslant 0 \qquad (6\text{-}18)$$

零状态电压响应 u_C、电流响应 i_C 和电阻电压 u_R 随时间 t 变化的曲线如图 6-7(b)所示，经过一个时间常数 τ，电容电压增长为 $u_C(\tau) = U_S(1 - \mathrm{e}^{-1}) = 0.632U_S$；当 $t = 5\tau$ 时，$u_C(5\tau) = 0.993U_S$，可以认为充电过程已经结束。

将式(6-11)和式(6-16)叠加，可得全响应的公式，所以，全响应可以分解为零输入响应与

零状态响应之和。

2) RL 电路的零状态响应

如图 6-8(a)所示的 RL 电路，换路前电路处于零状态。即电感中无储能，$i_L(0_-)=0$。$t=0$ 时，将开关 S 闭合，电路与恒压源接通，电源经电阻开始给电感元件充磁。根据换路定律，换路瞬间 $i_L(0_+)=i_L(0_-)=0$，此时电阻电压为零，直流电压源 U_S 的电压全部施加于电感两端，使电感电压由零跃变到 $U_L(0_+)=U_S$。随着时间的增加，电路中的电流和电阻上的电压由零逐渐增加，直到电阻电压等于电源电压，电路达到新的稳态，此时电流值 $i_L(\infty)=\dfrac{U_S}{R}$。根据三要素分析法可得

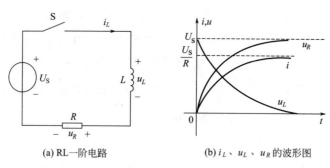

(a) RL 一阶电路　　　　　(b) i_L、u_L、u_R 的波形图

图 6-8　RL 电路的零状态响应

$$i_L(t)=i_L(\infty)+[i_L(0_+)-i_L(\infty)]\mathrm{e}^{-\frac{t}{\tau}}=i_L(\infty)(1-\mathrm{e}^{-\frac{t}{\tau}})=\frac{U_S}{R}(1-\mathrm{e}^{-\frac{t}{\tau}}) \qquad t\geqslant 0 \qquad (6-19)$$

$$u_L(t)=L\frac{\mathrm{d}i_L(t)}{\mathrm{d}t}=U_S\mathrm{e}^{-\frac{t}{\tau}} \qquad t\geqslant 0$$

$$u_R(t)=U_S(1-\mathrm{e}^{-\frac{t}{\tau}}),\ t\geqslant 0$$

其中的时间常数 $\tau=\dfrac{L}{R}$。电路的电压、电流随时间变化的规律如图 6-8（b）所示。

【例 6-4】　如图 6-7(a)所示 RC 串联电路，已知 $U_S=200\mathrm{V}$，$R=6\mathrm{k}\Omega$，$C=10\mu\mathrm{F}$，$u_C(0_-)=0$，在 $t=0$ 时闭合开关 S。求：

（1）最大充电电流；

（2）开关闭合后经历多长时间，电容上的电压才能达到 160V？

解：（1）根据 R、C 充电电路原理可知，开关 S 合上瞬间充电电流最大，其值为

$$i_{\max}=\frac{U_S}{R}=\frac{200}{6\times 10^3}=0.033(\mathrm{A})$$

（2）由于 $u_C(0_-)=0$，所以 $u_C(0_+)=u_C(0_-)=0$，根据式（6-16），得

$$u_C=U_S(1-\mathrm{e}^{-\frac{t}{\tau}})$$

设开关合上后到 t_1 时，电容上电压充到 160V，已知 $U_S=200\mathrm{V}$，电路的时间常数为

$$\tau=RC=6\times 10^3\times 10\times 10^{-6}=60(\mathrm{ms})$$

因此

$$u_C(t_1)=160=200(1-\mathrm{e}^{-\frac{t}{60\times 10^{-3}}})$$

所以：$t_1=96.6\mathrm{ms}$

6.2.4 一阶电路的阶跃响应

电路在单位阶跃激励作用下的零状态响应，称为阶跃响应。

1）阶跃函数

单位阶跃函数用 $\varepsilon(t)$ 表示，其定义为：

$$\varepsilon(t) = \begin{cases} 0 & t \leqslant 0_- \\ 1 & t \geqslant 0_+ \end{cases} \tag{6-20}$$

波形如图 6-9（a）所示，它在 $t=0_-$ 到 $t=0_+$ 间发生了单位阶跃。如果跃变发生在 $t=t_0$ 时刻，可以用延迟阶跃函数 $\varepsilon(t-t_0)$ 表示，即

$$\varepsilon(t-t_0) = \begin{cases} 0 & t \leqslant t_{0-} \\ 1 & t \geqslant t_{0+} \end{cases} \tag{6-21}$$

波形如图 6-9（b）所示。幅度为 K，延时 t_0 后出现的阶跃函数 $K\varepsilon(t-t_0)$ 定义为：

$$K\varepsilon(t-t_0) = \begin{cases} 0 & t \leqslant t_{0-} \\ K & t \geqslant t_{0+} \end{cases}$$

波形如图 6-9（c）所示。

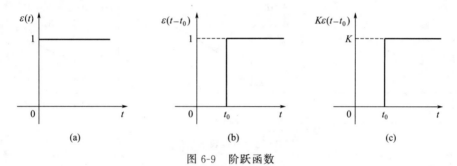

图 6-9　阶跃函数

阶跃函数可以用来描述动态电路的开关动作。如图 6-10（a）所示电路，用阶跃函数表示，在 $t=0$ 时把 4V 直流电压源接入电路；如图 6-10（b）所示，用延迟的阶跃函数表示，在 $t=t_0$ 时把 2A 直流电流源接入电路。

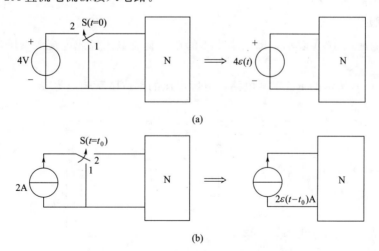

图 6-10　用阶跃函数表示开关动作

阶跃函数和延迟的阶跃函数的组合，可以用来表示矩形脉冲波和任意阶梯波。如图6-11(a)所示的矩形脉冲信号，可以看成是图 6-11(b) 和图 6-11(c) 两个阶跃信号之和，即

$$f(t) = 4\varepsilon(t) - 4\varepsilon(t-2)$$

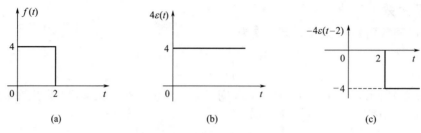

图 6-11　阶跃函数分解波形

此外，还可用单位阶跃函数描述电路响应的时间区间，可以给电路响应的函数表达式的书写带来方便。

设信号 $f(t)$ 的波形如图 6-12 (a) 所示，若要求 $f(t)$ 在 $t = t_0$ 时刻开始作用，可以把 $f(t)$ 乘以 $\varepsilon(t - t_0)$，如图 6-12 (b) 所示，即

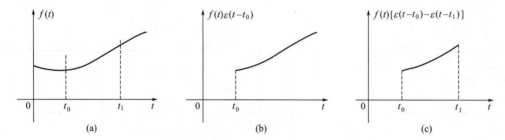

图 6-12　用单位阶跃函数表示信号的作用区间

$$f(t)\varepsilon(t - t_0) = \begin{cases} 0 & t \leqslant t_{0-} \\ f(t) & t \geqslant t_{0+} \end{cases}$$

若要求 $f(t)$ 仅在区间 (t_0, t_1) 上信号起作用，则将 $f(t)$ 乘以 $[\varepsilon(t - t_0) - \varepsilon(t - t_1)]$ 即可，波形如图 6-12 (c) 所示。

2）阶跃响应

单位阶跃响应用 $s(t)$ 表示，即大小为 1 的单位直流电压源或电流源激励所产生的零状态响应。

如图 6-13 (a) 所示的 RC 串联电路，电容电压的单位阶跃响应为

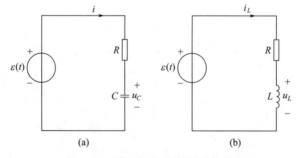

图 6-13　RC 串联和 RL 串联单位阶跃电路

$$u_C = u_C(\infty)(1 - e^{-\frac{t}{\tau}}) = (1 - e^{-\frac{t}{RC}})\varepsilon(t) \tag{6-22}$$

如图 6-13（b）所示的 RL 串联电路，电感电流的单位阶跃响应为

$$i_L = i(\infty)(1 - e^{-\frac{t}{\tau}}) = \frac{1}{R}(1 - e^{-\frac{t}{L/R}})\varepsilon(t) \tag{6-23}$$

若已知电路的单位阶跃响应，则电路在任意直流激励下的零状态响应，只要将单位阶跃响应乘以该直流激励的量值即可。例如，对于 6-13（a）所示电路，在 U_S 阶跃激励下，电容电压的响应变为 $u_C = U_S(1 - e^{-\frac{t}{RC}})\varepsilon(t)$。对于延迟阶跃激励 $U_S\varepsilon(t - t_0)$ 的零状态响应为

$$u_C = U_S(1 - e^{-\frac{t-t_0}{RC}})\varepsilon(t - t_0)$$

【例 6-5】 图 6-14（a）所示电路，已知 $R = 2\Omega$，$C = 1F$，激励电压 $u_S(t)$ 的波形如图 6-14（b）所示，求 $u_C(t)$。

解： 用延迟阶跃函数表示 $u_S(t)$ 为

$$u_S(t) = 5[\varepsilon(t - 2) - \varepsilon(t - 6)]V = [5\varepsilon(t - 2) - 5\varepsilon(t - 6)]V$$

因为电容电压 $u_C(t)$ 的单位阶跃响应为

$$s(t) = (1 - e^{-0.5t})\varepsilon(t)$$

所以 $5\varepsilon(t - 2)V$ 及 $-5\varepsilon(t - 6)V$ 的响应为

$$5s(t - 2) = 5[1 - e^{-0.5(t-2)}]\varepsilon(t - 2)$$
$$-5s(t - 6) = -5[1 - e^{-0.5(t-6)}]\varepsilon(t - 6)$$

由叠加定理，电容电压为

$$u_C(t) = 5s(t - 2) - 5s(t - 6) = \{5[1 - e^{-0.5(t-2)}]\varepsilon(t - 2) - 5[1 - e^{-0.5(t-6)}]\varepsilon(t - 6)\} V$$

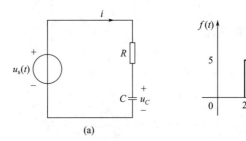

图 6-14　例 6-5 图

6.3　二阶电路的分析

如果电路中有两个独立的储能元件，列出的电路方程为二阶微分方程，这样的动态电路称为二阶电路。下面以 RLC 串联电路为例对二阶电路进行分析。

6.3.1　二阶电路的零输入响应

如图 6-15 所示电路中，$u_C(0_-) = U_0$，$i_L(0_-) = 0$，开关 S 在 $t = 0$ 时闭合，由于外加电源不存在，电路中仅由电感和电容的初始储能产生响应，故称为电路的零输入响应。

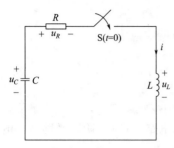

图 6-15　RLC 电路的零输入响应

电路的 KVL 方程为

$$u_R + u_L - u_C = 0 \qquad t \geqslant 0$$

将 $i = -C\dfrac{\mathrm{d}u_C}{\mathrm{d}t}$，$u_R = Ri$，$u_L = L\dfrac{\mathrm{d}i}{\mathrm{d}t} = -LC\dfrac{\mathrm{d}^2 u_C}{\mathrm{d}t^2}$ 代入上式并整理得

$$LC\frac{\mathrm{d}^2 u_C}{\mathrm{d}t^2} + RC\frac{\mathrm{d}u_C}{\mathrm{d}t} + u_C = 0 \qquad t \geqslant 0 \quad (6\text{-}24)$$

式（6-24）是一个线性常系数二阶齐次微分方程。设 $u_C = A\mathrm{e}^{pt}$，代入上式，得出特征方程为

$$LCp^2 + RCp + 1 = 0$$

其特征根为

$$\left.\begin{aligned}
p_1 &= -\frac{R}{2L} + \sqrt{\left(\frac{R}{2L}\right)^2 - \frac{1}{LC}} \\[2mm]
p_2 &= -\frac{R}{2L} - \sqrt{\left(\frac{R}{2L}\right)^2 - \frac{1}{LC}}
\end{aligned}\right\} \qquad (6\text{-}25)$$

根据 R、L、C 参数的不同，特征根可能有三种不同性质：

(a) $\left(\dfrac{R}{2L}\right)^2 - \dfrac{1}{LC} > 0 \Rightarrow R > 2\sqrt{\dfrac{L}{C}}$，特征根 p_1、p_2 是两个不等的负实数；

(b) $\left(\dfrac{R}{2L}\right)^2 - \dfrac{1}{LC} < 0 \Rightarrow R < 2\sqrt{\dfrac{L}{C}}$，特征根 p_1、p_2 是一对实部为负的共轭复数；

(c) $\left(\dfrac{R}{2L}\right)^2 - \dfrac{1}{LC} = 0 \Rightarrow R = 2\sqrt{\dfrac{L}{C}}$，特征根 p_1、p_2 是一对相等的负实数。

1）$R > 2\sqrt{\dfrac{L}{C}}$，非振荡放电过程

此时，特征根 p_1、p_2 是两个不等的负实数，电容电压为

$$u_C(t) = A_1\mathrm{e}^{p_1 t} + A_2\mathrm{e}^{p_2 t} \tag{6-26}$$

积分常数 A_1 和 A_2 由电路的初始条件 $u_C(0_+)$ 和 $\left.\dfrac{\mathrm{d}u_C}{\mathrm{d}t}\right|_{t=0_+}$ 决定。

因为 $i = -C\dfrac{\mathrm{d}u_C}{\mathrm{d}t}$，所以 $\left.\dfrac{\mathrm{d}u_C}{\mathrm{d}t}\right|_{t=0_+} = -\dfrac{i(0_+)}{C} = 0$，且 $u_C(0_+) = u_C(0_-) = U_0$，将初始值代入式（6-26），得

$$\left.\begin{aligned}
& A_1 + A_2 = U_0 \\[2mm]
& \left.\frac{\mathrm{d}u_C}{\mathrm{d}t}\right|_{t=0_+} = A_1 p_1 + A_2 p_2 = 0
\end{aligned}\right\}$$

解得

$$\left.\begin{aligned}
A_1 &= \frac{p_2 U_0}{p_2 - p_1} \\[2mm]
A_2 &= -\frac{p_1 U_0}{p_2 - p_1}
\end{aligned}\right\}$$

所以电容电压为

$$u_C(t) = \frac{U_0}{p_2 - p_1}(p_2 e^{p_1 t} - p_1 e^{p_2 t})$$

电路中电流、电感电压分别为

$$i(t) = -C\frac{\mathrm{d}u_C}{\mathrm{d}t} = \frac{CU_0 p_1 p_2}{p_2 - p_1}(e^{p_1 t} - e^{p_2 t}) = -\frac{U_0}{L(p_2 - p_1)}(e^{p_1 t} - e^{p_2 t}) \qquad (6\text{-}27)$$

$$u_L(t) = L\frac{\mathrm{d}i}{\mathrm{d}t} = -\frac{U_0}{p_2 - p_1}(p_1 e^{p_1 t} - p_2 e^{p_2 t}) \qquad (6\text{-}28)$$

其中 $p_1 p_2 = \dfrac{1}{LC}$。

图 6-16 是非振荡放电过程中 u_C、i、u_L 随时间变化的零输入响应曲线。从 u_C 及 i 的变化曲线可以看出，在整个放电过程中，$u_C \geqslant 0$，$i \geqslant 0$，表明电容一直在放电，直到将储能全部放出，因此，称为非振荡放电过程，因为此时 $R > 2\sqrt{\dfrac{L}{C}}$，故又称为过阻尼放电。放电电流 i 起自于零，而后又趋于零，故必存在一峰值，出现峰值的时刻 t_m 可由 $\dfrac{\mathrm{d}i}{\mathrm{d}t} = \dfrac{u_L}{L} = 0$ 求得。

$$p_1 e^{p_1 t_m} - p_2 e^{p_2 t_m} = 0$$

可得

$$t_m = \frac{1}{p_1 - p_2}\ln\frac{p_2}{p_1}$$

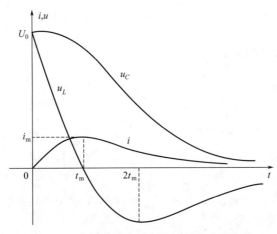

图 6-16　非振荡放电过程中零输入响应曲线

在 $t < t_m$ 时，电流 i 增大，说明电容释放的能量一部分供电阻消耗，另一部分转化为电感的磁场储能。在 $t > t_m$ 时，电流 i 减小，说明电感也释放其磁场能，电感和电容的两种储能都由电阻耗尽放电结束。

【**例 6-6**】　电路如图 6-17 所示，$R = 5\text{k}\Omega$，$C = 1\mu\text{F}$，$L = 4\text{H}$，$U_S = 12\text{V}$，开关 S 原来闭合在触点 1，在 $t = 0$ 时，开关 S 由触点 1 合至触点 2 处。求：（1）电容电压 u_C、电流 i 和电感电压 u_L；（2）电流最大值 $i_{\max}$。

解：（1）$2\sqrt{\dfrac{L}{C}} = 2\sqrt{\dfrac{4}{10^{-6}}} = 4(\text{k}\Omega)$，$R = 5\text{k}\Omega$，所以 $R > 2\sqrt{\dfrac{L}{C}}$ 属于非振荡放电过程，

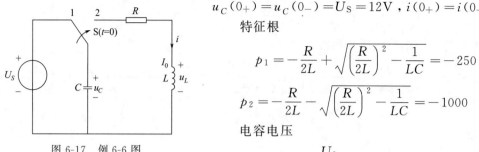

$u_C(0_+) = u_C(0_-) = U_S = 12\text{V}$，$i(0_+) = i(0_-) = 0$。

特征根

$$p_1 = -\frac{R}{2L} + \sqrt{\left(\frac{R}{2L}\right)^2 - \frac{1}{LC}} = -250$$

$$p_2 = -\frac{R}{2L} - \sqrt{\left(\frac{R}{2L}\right)^2 - \frac{1}{LC}} = -1000$$

电容电压

$$u_C = \frac{U_0}{p_2 - p_1}(p_2 e^{p_1 t} - p_1 e^{p_2 t})$$

图 6-17   例 6-6 图

$$= (16e^{-250t} - 4e^{-1000t})(\text{V})，t \geqslant 0$$

电路中电流为

$$i = -\frac{U_0}{L(p_2 - p_1)}(e^{p_1 t} - e^{p_2 t}) = 4(e^{-250t} - e^{-1000t})(\text{mA})，t \geqslant 0$$

电感电压

$$u_L = -\frac{U_0}{p_2 - p_1}(p_1 e^{p_1 t} - p_2 e^{p_2 t}) = (16e^{-1000t} - 4e^{-250t})(\text{V})，t \geqslant 0$$

（2）电流最大值发生在 t_m 时刻，有

$$t_m = \frac{1}{p_1 - p_2}\ln\frac{p_2}{p_1} = \frac{1}{-250 - (-1000)}\ln\frac{-1000}{-250}(\text{ms}) = 1.85(\text{ms})$$

电流最大值

$$i_m = 4(e^{-250t} - e^{-1000t})(\text{A}) = 4(e^{-250 \times 1.85 \times 10^{-3}} - e^{-1000 \times 1.85 \times 10^{-3}})(\text{A}) = 1.89(\text{A})$$

2）$R < 2\sqrt{\dfrac{L}{C}}$，振荡放电过程

此时，p_1、p_2 是一对共轭复根，令

$$\delta = \frac{R}{2L}，\omega^2 = \frac{1}{LC} - \left(\frac{R}{2L}\right)^2，\omega_0^2 = \frac{1}{LC}$$

于是有
$$p_1 = -\delta + j\omega，p_2 = -\delta - j\omega$$

电容电压 u_C 的通解形式为

$$u_C(t) = A_1 e^{p_1 t} + A_2 e^{p_2 t} = e^{-\sigma t}(A_1 e^{j\omega t} + A_2 e^{-j\omega t})$$

经常把上式写成三角函数形式

$$u_C(t) = A e^{-\sigma t}\sin(\omega t + \beta)$$

把 ω 称为振荡频率。根据初始条件可确定待定系数 A、β。

$$u_C(0_+) = U_0 \rightarrow A = \frac{U_0}{\sin\beta}，\frac{\mathrm{d}u_C}{\mathrm{d}t}(0_+) = 0 \rightarrow \beta = \arctan\frac{\omega}{\sigma}$$

由于 ω、ω_0、σ、β 满足图 6-18 所示的三角关系，则有 $\sin\beta = \dfrac{\omega}{\omega_0}$，$A = \dfrac{\omega_0}{\omega}U_0$；则

电容电压
$$u_C = \frac{U_0 \omega_0}{\omega} e^{-\delta t}\sin(\omega t + \beta)$$

电流
$$i = \frac{U_0}{\omega L} e^{-\delta t}\sin(\omega t)$$

电感电压
$$u_L = -\frac{U_0\omega_0}{\omega}e^{-\delta t}\sin(\omega t - \beta)$$

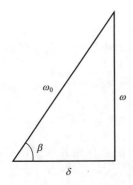

图 6-18 δ、ω 和 ω_0 的关系

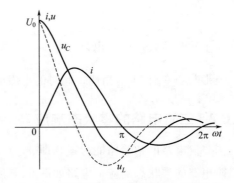

图 6-19 振荡放电过程中零输入响应曲线

根据 u_C、i、u_L 的表达式可以得出它们的变化曲线如图 6-19 所示。当 $\omega t = k\pi$，$k = 0$，1，2，3，…时，电流 i 出现过零点，即电容电压 u_C 的极值点；当 $\omega t = k\pi + \beta$，$k = 0$，1，2，3，…时，出现电感电压 u_L 的过零点，即电流 i 的极值点；当 $\omega t = k\pi - \beta$，$k = 1$，2，3 …时，电容电压 u_C 出现过零点；当 $\omega t = k\pi + 2\beta$，$k = 0$，1，2，3，…时，为出现电感电压 u_L 的极值点。

在整个过渡过程中，u_C、i 和 u_L 周期性地改变方向，且呈现衰减振荡的状态，衰减的快慢取决于 δ，所以 δ 也称为衰减系数。正弦函数的角频率 ω 是电路的固有角频率，电路中电容和电感周期性地交换能量，而电阻始终消耗能量，电容上原有的能量最后全部由电阻转化为热能消耗掉。即当电路中的电阻 R 较小 $\left(R < 2\sqrt{\dfrac{L}{C}}\right)$ 时，电路的状态为衰减振荡放电，这一状态也称为欠阻尼情况。

当电路中的电阻 $R = 0$ 时，有 $\delta = \dfrac{R}{2L} = 0$，$\omega = \omega_0 = \dfrac{1}{\sqrt{LC}}$，可得响应的零输入响应分别为

电容电压
$$u_C = U_0\sin\left(\omega t + \frac{\pi}{2}\right)$$

电流
$$i = \frac{U_0}{\omega_0 L}\sin(\omega_0 t)$$

电感电压
$$u_L = -U_0\sin\left(\omega_0 t - \frac{\pi}{2}\right)$$

可以看出，此时的响应都是正弦函数，它们的振幅并不衰减，故为等幅的自由振荡。

3）R = $2\sqrt{\dfrac{L}{C}}$ ，临界情况

此时，特征根 p_1、p_2 为相等的负实根，即 $p_1 = p_2 = -\dfrac{R}{2L} = -\delta$，式（6-24）的通解为

$$u_C = (A_1 + A_2 t)e^{-\delta t}$$

根据初始条件，有

$$A_1 = U_0，A_2 = \delta U_0$$

因此

$$u_C = U_0(1 + \delta t)\mathrm{e}^{-\delta t}$$

$$i = \frac{U_0}{L}t\,\mathrm{e}^{-\delta t}$$

$$u_L = U_0\mathrm{e}^{-\delta t}(1 - \delta t)$$

从上述表达式可以看出，u_C、i、u_L 是单调衰减的函数，电路的放电过程属于非振荡性质，波形与图 6-16 所示相似，此时的电阻 $R = 2\sqrt{\dfrac{L}{C}}$ 称为临界电阻。

6.3.2　二阶电路的零状态响应

当二阶电路的初始储能为零，即 $u_C(0_+) = 0$，$i(0_+) = 0$ 时，仅由外加激励引起的响应称为二阶电路的零状态响应，电路如图 6-20 所示。

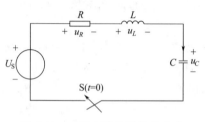

图 6-20　二阶电路的零状态响应

在图 6-20 中，根据 KVL 有

$$u_R + u_L + u_C = U_S$$

将 $i = -C\dfrac{\mathrm{d}u_C}{\mathrm{d}t}$，$u_R = Ri$，$u_L = L\dfrac{\mathrm{d}i}{\mathrm{d}t} = -LC$

$\dfrac{\mathrm{d}^2 u_C}{\mathrm{d}t^2}$ 代入上式并整理得

$$LC\frac{\mathrm{d}^2 u_C}{\mathrm{d}t^2} + RC\frac{\mathrm{d}u_C}{\mathrm{d}t} + u_C = U_S \qquad t \geqslant 0$$

$$(6\text{-}29)$$

式（6-29）是一个二阶常系数非齐次微分方程，它的解 u_C 由通解 $u_C{}'$ 和特解 $u_C{}''$ 组成，即

$$u_C = u_C{}' + u_C{}''$$

式中：通解 $u_C{}'$ 是对应的齐次微分方程的解，求法与二阶零输入响应相同，只是初始条件不同，待定系数也不同；特解 $u_C{}''$ 为电路重新达到稳定状态后的值，即 $u_C{}'' = U_S$。

===== 本章小结 =====

（1）含有动态元件的电路称为动态电路。动态电路的过渡过程是指电路从一种稳定状态到另一种稳定状态之间的过程。电路产生过渡过程的内因是含有动态元件，外因是电路发生了换路。

（2）动态电路发生换路，且电感的电压和电容的电流是有限值时，电感中的电流和电容中的电压在换路前后是不能跃变的，称为换路定律，即 $u_C(0_+) = u_C(0_-)$，$i_L(0_+) = i_L(0_-)$。

（3）$t = 0_+$ 时刻电路中的电压、电流值称为初始值。初始值的求解步骤如下：

① 由换路前的稳态电路求出换路前的电容电压 $u_C(0_-)$ 和电感电流 $i_L(0_-)$。如果是直流激励，则电容相当于开路，电感相当于短路。

② 由换路定律，得换路后电容电压 $u_C(0_+)$ 和电感电流 $i_L(0_+)$。

③ 画出 $t = 0_+$ 时原电路的等效电路，用一个电流值为 $i_L(0_+)$ 的理想电流源替代原电路的电感元件；用一个电压值为 $u_C(0_+)$ 的理想电压源替代电容元件。注意：此时的等效电路是一个电阻电路。

④ 在 $t = 0_+$ 等效电路中，计算其余电压、电流的初始值。

（4）换路后，既有初始储能又有外部激励引起电路中各处电压电流的变化称为全响应。一阶动态响应可采用三要素法求解

$$f(t) = f_1(t) + \left[f(0_+) - f_1(t) \big|_{t=0_+} \right] \mathrm{e}^{-\frac{t}{\tau}}$$

$f_1(t)$ 是稳态值，$f(0_+)$ 是初始值，τ 是时间常数。一阶 RC 电路的时间常数为 $\tau = RC$，一阶 RL 电路的时间常数为 $\tau = \dfrac{L}{R}$，R 是将等效的动态元件支路断开后，剩余电路的戴维南等效电路的等效电阻。时间常数 τ 越大，暂态过程越慢；τ 越小，暂态过程越快。

（5）仅由初始储能引起的响应称为零输入响应；仅由外部激励引起的响应称为零状态响应。全响应既可以看作零输入响应和零状态响应的叠加，同时又可以看作稳态分量和暂态分量之和。

（6）一阶电路的单位阶跃响应 $s(t) = (1 - \mathrm{e}^{-\frac{t}{\tau}})\varepsilon(t)$。

（7）二阶电路中至少含有两个独立的动态元件，需要两个初始条件才能求得电路的响应。随着 RLC 电路参数的不同，分为 $R > 2\sqrt{\dfrac{L}{C}}$ 的非振荡放电过程；$R = 2\sqrt{\dfrac{L}{C}}$ 的临界非振荡放电过程；$R < 2\sqrt{\dfrac{L}{C}}$ 的振荡放电过程。

习题6

6-1　图 6-21 所示电路原处于稳态，$t=0$ 时开关突然断开，已知 $I_S = 10\mathrm{mA}$，$R_1 = R_2 = 2\mathrm{k\Omega}$，$C = 0.1\mathrm{mF}$，求初始值 $u_C(0_+)$、$i_1(0_+)$、$i_C(0_+)$。

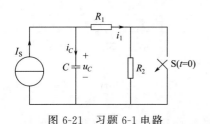

图 6-21　习题 6-1 电路

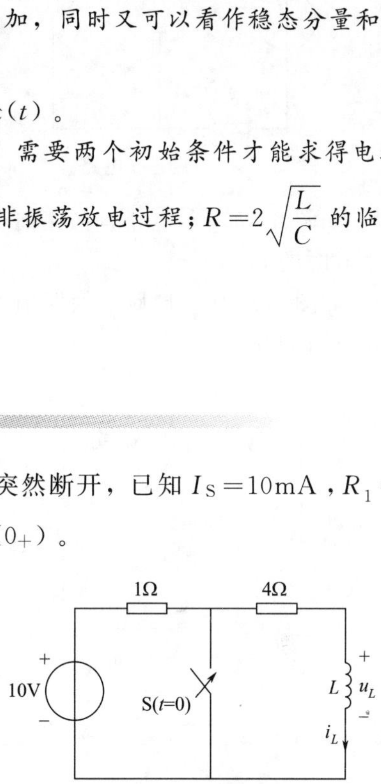

图 6-22　习题 6-2 电路

6-2　电路如图 6-22 所示，换路前电路稳定，$t=0$ 时开关闭合，求电感电压 $u_L(0_+)$。

6-3　如图 6-23 所示，电路原已处于稳态状态，$t=0$ 时开关 S 闭合。已知：$U_S = 60\mathrm{V}$，$R_1 = 30\Omega$，$R_2 = 60\Omega$，$L = 0.1\mathrm{H}$，$C = 50\mu\mathrm{F}$。求初始值：$u_C(0_+)$、$i_1(0_+)$、$i_2(0_+)$、$u_1(0_+)$、$u_2(0_+)$、$u_L(0_+)$。

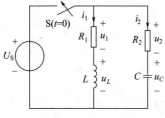

图 6-23　习题 6-3 电路

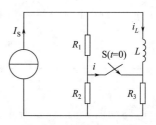

图 6-24　习题 6-4 电路

6-4 如图 6-24 所示电路中，直流电流源的电流 $I_S = 3A$，$R_1 = 36\Omega$，$R_2 = 12\Omega$，$L = 0.04H$，$R_3 = 24\Omega$，电路原先已经稳定。试求换路后的 $i(0_+)$ 和 $\left.\dfrac{\mathrm{d}i_L}{\mathrm{d}t}\right|_{t=0_+}$。

6-5 如图 6-25 所示电路已处于稳态，在 $t = 0$ 时开关 S 闭合。试求：闭合后电路的时间常数。

6-6 求图 6-26 所示电路的时间常数。

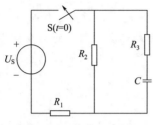

图 6-25 习题 6-5 电路

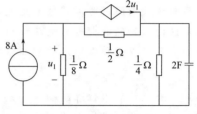

图 6-26 习题 6-6 电路

6-7 如图 6-27 所示电路，换路前电路已处于稳态，$t = 0$ 时将开关 S 闭合，试用三要素法求 $t \geqslant 0$ 时的 u_C。

6-8 如图 8-28 所示电路，换路前电路已处于稳态，$t = 0$ 时将开关 S 打开，试用三要素法求 $t \geqslant 0$ 时的 u_L。

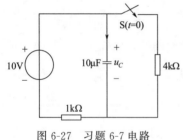

图 6-27 习题 6-7 电路

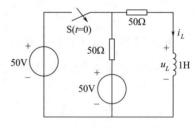

图 6-28 习题 6-8 电路

6-9 如图 6-29 所示电路，换路前已达稳态，$t = 0$ 时将开关 S 闭合，求 $t \geqslant 0$ 时的 u_C 和 i_C。

6-10 在图 6-30 所示电路中，已知换路前电路达到稳态，$t = 0$ 时将开关 S 闭合，求 $t \geqslant 0$ 时的 i_L。

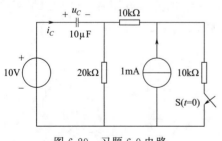

图 6-29 习题 6-9 电路

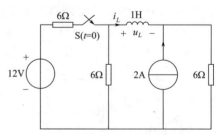

图 6-30 习题 6-10 电路

6-11 电路如图 6-31（a）所示，已知电压源波形如图 6-31（b）所示，求零状态响应 i_L 和 u_L，并画出其变化曲线。

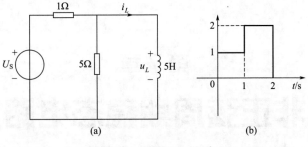

(a)

(b)

图 6-31 习题 6-11 电路

第7章

非正弦周期稳态电路

> **【内容提要】** 本章首先介绍非正弦周期信号展开为傅立叶级数形式；然后介绍非正弦周期信号的有效值、功率等概念及计算；最后介绍非正弦周期信号激励下的电路的分析，即谐波分析法。

当电路的激励为正弦稳态信号时，通常采用"相量法"对电路进行分析，但是在工程实践中还经常会遇到激励是非正弦周期信号的电路，这样的电路称为非正弦周期稳态电路。由高等数学知识可知，非正弦周期信号在满足一定条件下，可以展开为恒定量和无穷多个不同频率的正弦量和的形式，分别计算直流分量和不同频率正弦量的单独作用下，电路中产生的电压和电流，再根据线性电路的叠加定理把所得各分量按瞬时值叠加，即可得到电路中的稳态电压和电流。这种分析方法称为谐波分析法。

7.1 非正弦周期信号

1）非正弦周期信号的产生

电路中出现非正弦周期电压、电流的原因通常有以下两个方面。

一是线性电路中，如果电源电压本身是一个非正弦周期信号，那么这个电源在电路中产生的电流也将是非正弦周期电流。比如：电力系统中的发电机和变压器很难产生纯正的正弦形式电压，一般是接近正弦形式的非正弦周期电压；电信工程中传输的方波信号或锯齿波信号，如图 7-1（a）、（b）所示。

二是电路中存在非线性元器件，如二极管，此时即使电源电压是正弦信号，电路中的电流也将是非正弦周期电流，如图 7-1（c）所示的半波整流信号。

2）非正弦周期信号的傅立叶级数分解

非正弦周期信号的一般表达式为

$$f(t) = f(t + kT) \tag{7-1}$$

式中，T 为 $f(t)$ 的周期，k 为自然数 0，1，2，3，…。

如果给定的周期函数 $f(t)$ 满足狄里赫利条件，则该函数可以展开成收敛的傅立叶级数。电工技术中所遇到的周期函数一般都满足狄利赫利条件，即都可以分解为傅里叶级数，即

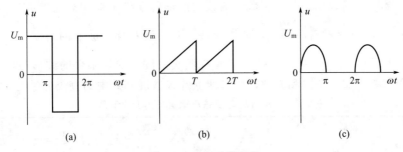

图 7-1　非正弦周期波

$$f(t) = a_0 + (a_1\cos\omega t + b_1\sin\omega t) + (a_2\cos2\omega t + b_2\sin2\omega t) + \cdots$$
$$+ (a_k\cos k\omega t + b_k\sin k\omega t) + \cdots$$
$$= a_0 + \sum_{k=1}^{\infty}(a_k\cos k\omega t + b_k\sin k\omega t) \tag{7-2}$$

式中：$\omega = \dfrac{2\pi}{T}$；T 为 $f(t)$ 的周期；a_0、a_k、b_k 称为傅里叶系数，其计算公式如式（7-3）。

$$a_0 = \frac{1}{T}\int_0^T f(t)\mathrm{d}t = \frac{1}{T}\int_{-\frac{T}{2}}^{\frac{T}{2}} f(t)\mathrm{d}t$$

$$a_k = \frac{2}{T}\int_0^T f(t)\cos k\omega t\,\mathrm{d}t = \frac{1}{\pi}\int_0^{2\pi} f(t)\cos k\omega t\,\mathrm{d}(\omega t) = \frac{1}{\pi}\int_{-\pi}^{\pi} f(t)\cos k\omega t\,\mathrm{d}(\omega t)$$

$$b_k = \frac{2}{T}\int_0^T f(t)\sin k\omega t\,\mathrm{d}t = \frac{1}{\pi}\int_0^{2\pi} f(t)\sin k\omega t\,\mathrm{d}(\omega t) = \frac{1}{\pi}\int_{-\pi}^{\pi} f(t)\sin k\omega t\,\mathrm{d}(\omega t) \tag{7-3}$$

式（7-2）是数学上常用的傅立叶级数形式，利用三角函数关系可以把它改写成在电子和电气技术中更为常用的形式，即

$$f(t) = A_0 + A_{1\mathrm{m}}\sin(\omega t + \psi_1) + A_{2\mathrm{m}}\sin(2\omega t + \psi_2) + \cdots$$
$$+ A_{k\mathrm{m}}\sin(k\omega t + \psi_k) + \cdots$$
$$= A_0 + \sum_{k=1}^{\infty} A_{k\mathrm{m}}\sin(k\omega t + \psi_k) \tag{7-4}$$

式（7-2）和式（7-4）两种级数表达式之间的关系为

$$\left.\begin{array}{l} A_0 = a_0 \\[4pt] A_{k\mathrm{m}} = \sqrt{a_k^2 + b_k^2} \\[4pt] \psi_k = \arctan\left(\dfrac{b_k}{a_k}\right) \end{array}\right\} \tag{7-5}$$

傅里叶级数是一个无穷三角级数。A_0 为 $f(t)$ 在一个周期内的平均值，也称为直流分量或恒定分量。求和号后的各项是一系列正弦量，称为谐波分量。频率为 ω 的分量称为基波，频率为 2ω 的分量称为二次谐波，以此类推。二次谐波以上的分量统称为高次谐波，当 k 为偶数时所对应的谐波分量称为偶次谐波分量，当 k 为奇数时所对应的谐波分量称为奇次谐波分量。这种将一个非正弦周期函数分解为具有一系列谐波分量的傅里叶级数，称为谐波分析。

几种常见的非正弦周期函数的傅立叶级数如表 7-1 所示。通过观察可以发现，奇函数（如三角波和矩形波）的傅里叶级数展开式中 $a_0 = 0$，$a_k = 0$，即不含直流分量和余弦分量，只含正弦分量；偶函数（如全波整流波和半波整流波）的傅立叶级数展开式中 $b_k = 0$，即不

含正弦分量；奇谐波函数或镜对称函数［函数的波形移动半个周期后与原波形对称于横轴，函数关系式满足 $f(t)=-f\left(t+\dfrac{T}{2}\right)$，如矩形波、三角波和梯形波］的傅立叶级数展开式中只含有奇次谐波，即 $k=1$，3，5……，不含有偶次谐波；如果函数的波形与横轴所围成的正负半波面积相等，如三角波和方波，则其傅立叶级数展开式中的直流分量为 0。

表 7-1　几种常见非正弦周期信号的傅立叶级数

名称	波形	傅立叶级数	有效值
正弦波		$f(t)=A_{\mathrm{m}}\sin\omega t$	$\dfrac{A_{\mathrm{m}}}{\sqrt{2}}$
三角波		$f(t)=\dfrac{8I_{\mathrm{m}}}{\pi^2}\left(\sin\omega t-\dfrac{1}{9}\sin3\omega t+\dfrac{1}{25}\sin5\omega t-\cdots\right)$	$\dfrac{A_{\mathrm{m}}}{\sqrt{3}}$
方波		$f(t)=\dfrac{4A_{\mathrm{m}}}{\pi}\left(\sin\omega t+\dfrac{1}{3}\sin3\omega t+\dfrac{1}{5}\sin5\omega t+\cdots\right)$	A_{m}
全波整流		$f(t)=\dfrac{4A_{\mathrm{m}}}{\pi}\left(\dfrac{1}{2}+\dfrac{1}{3}\cos2\omega t-\dfrac{1}{15}\cos4\omega t-\cdots\right)$	$\dfrac{A_{\mathrm{m}}}{\sqrt{2}}$
半波整流		$f(t)=\dfrac{2A_{\mathrm{m}}}{\pi}\left(\dfrac{1}{2}+\dfrac{\pi}{4}\cos\omega t+\dfrac{1}{3}\cos2\omega t-\cdots\right)$	$\dfrac{A_{\mathrm{m}}}{2}$
锯齿波		$f(t)=A_{\mathrm{m}}\left(\dfrac{1}{2}-\dfrac{1}{\pi}\sin\omega t-\dfrac{1}{2\pi}\sin2\omega t-\dfrac{1}{3\pi}\sin3\omega t-\cdots\right)$	$\dfrac{A_{\mathrm{m}}}{\sqrt{3}}$

从表7-1可见，各种非正弦周期函数的各次谐波中，次数越高的谐波，最大值越小，说明傅里叶级数一般收敛较快，所以，在分析计算中可以忽略较高次谐波，一般取到前面的三到五项便相当精确。

为了直观地表示一个周期函数分解为各次谐波后，包含有哪些频率以及分量所占多大的"比重"，用纵坐标方向的线段长度表示各次谐波的幅值，用横坐标表示各次谐波的频率，得到图7-2（a）所示的图形，称为周期函数 f（t）的幅度频谱。如果以纵坐标方向的线段长度表示各次谐波的相位，则得到函数 f（t）的相位频谱，如图7-2（b）所示。

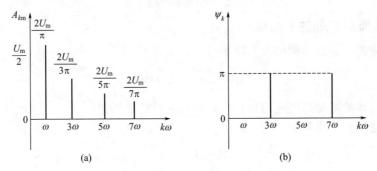

图 7-2　周期方波信号的幅度频谱和相位频谱

7.2　非正弦周期稳态电路的有效值、平均值和平均功率

1）非正弦周期信号的有效值

根据周期量有效值的定义，周期电流 i（t）的有效值应为其方均根值，即

$$I = \sqrt{\frac{1}{T}\int_0^T i^2(t)\,\mathrm{d}t} \tag{7-6}$$

设非正弦周期电流的傅立叶级数展开式为

$$i = I_0 + \sum_{k=1}^{\infty} I_k\,\mathrm{msin}(k\omega t + \psi_k) \tag{7-7}$$

代入式（7-6），则

$$I = \sqrt{\frac{1}{T}\int_0^T \left[I_0 + \sum_{k=1}^{\infty} I_k\,\mathrm{msin}(k\omega t + \psi_k)\right]^2 \mathrm{d}t}$$

因为

$$\int_0^T \left[\sin(m\omega t)\sin(k\omega t)\right]\mathrm{d}t = 0,\ k \neq m$$

$$\int_0^T \left[\cos(m\omega t)\cos(k\omega t)\right]\mathrm{d}t = 0,\ k \neq m$$

所以

$$I = \sqrt{I_0^2 + \sum_{k=1}^{\infty} I_k^2} = \sqrt{I_0^2 + I_1^2 + I_2^2 + \cdots + I_k^2} \tag{7-8}$$

同理，非正弦周期电压 u 的有效值为：

$$U = \sqrt{U_0^2 + \sum_{k=1}^{\infty} U_k^2} = \sqrt{U_0^2 + U_1^2 + U_2^2 + \cdots + U_k^2} \tag{7-9}$$

式（7-8）和式（7-9）说明：非正弦周期电流或电压的有效值，等于其直流分量的平方与各次谐波有效值的平方之和的平方根。其中，各次谐波的有效值与最大值之间的关系为 $I_{km}=\sqrt{2}\,I_k$，$U_{km}=\sqrt{2}\,U_k$。

【例 7-1 】 计算非正弦周期电压 $u(t)=[50+282\sin\omega t+141\sin(3\omega t+45°)]\mathrm{V}$ 的有效值。

解：用式（7-9）直接计算：

$$U=\sqrt{50^2+\left(\frac{282}{\sqrt{2}}\right)^2+\left(\frac{141}{\sqrt{2}}\right)^2}=229(\mathrm{V})$$

2）非正弦周期信号的平均值

仍以电流为例，任意周期电流 i 的平均值定义为

$$I_{\mathrm{av}}=\frac{1}{T}\int_0^T |i(t)|\,\mathrm{d}t \tag{7-10}$$

即某周期内函数绝对值的平均值称为该周期函数的平均值。

例如，正弦波的平均值为

$$
\begin{aligned}
I_{\mathrm{av}} &=\frac{1}{T}\int_0^T |i(t)|\,\mathrm{d}t=\frac{1}{T}\int_0^T I_{\mathrm{m}}|\sin\omega t|\,\mathrm{d}t\\
&=\frac{2}{T}\int_0^{\frac{T}{2}} I_{\mathrm{m}}\sin\omega t\,\mathrm{d}t=\frac{2}{T}\times\frac{1}{\omega}\int_0^{\pi} I_{\mathrm{m}}\sin\omega t\,\mathrm{d}(\omega t)\\
&=\frac{1}{\pi}I_{\mathrm{m}}(-\cos\omega t)\Big|_0^{\pi}\\
&=\frac{2}{\pi}I_{\mathrm{m}}=0.637I_{\mathrm{m}}
\end{aligned}
$$

正弦电流取绝对值相当于电流全波整流，全波整流的平均值为正弦电流有效值的 0.9 倍。

非正弦周期电流的直流分量、有效值及平均值可以用不同的仪表来测量。用磁电式仪表（直流仪表）可以测量直流分量，这是因为磁电式仪表的偏转角正比于 $\frac{1}{T}\int_0^T i\,\mathrm{d}t$。用电磁式或电动式仪表测量时，所得结果是有效值。因为这两种仪表的偏转角正比于 $\frac{1}{T}\int_0^T i^2\,\mathrm{d}t$。用全波整流磁电式仪表测量时，所得结果是电流的平均值，因为这种仪表的偏转角正比于电流的平均值。

3）非正弦周期电流电路的有功功率

非正弦周期电路中的平均功率仍然定义为其瞬时功率在一个周期内的平均值。

若某无源二端网络端口处的电压 u 和电流 i 为同基波频率的非正弦周期函数，其相应的傅里叶级数展开式为

$$u=U_0+\sum_{k=1}^{\infty}U_{km}\sin(k\omega t+\psi_{ku})$$

$$i=I_0+\sum_{k=1}^{\infty}I_{km}\sin(k\omega t+\psi_{ki})$$

则该二端网络的瞬时功率为

$$p=ui=\left[U_0+\sum_{k=1}^{\infty}U_{km}\sin(k\omega t+\psi_{ku})\right]\times\left[I_0+\sum_{k=1}^{\infty}I_{km}\sin(k\omega t+\psi_{ki})\right]$$

根据平均功率的定义

$$P = \frac{1}{T}\int_0^T p(t)\mathrm{d}t = \frac{1}{T}\int_0^T u(t)i(t)\mathrm{d}t \tag{7-11}$$

根据三角函数的正交性可知，非正弦周期信号电路中，不同频率的正弦电压和电流乘积的上述积分为零（即不产生平均功率）；同频率的正弦电压和电流乘积的上述积分不为零。这样不难证明

$$\begin{aligned} P &= P_0 + \sum_{k=1}^{\infty} P_k = U_0 I_0 + \sum_{k=1}^{\infty} U_k I_k \cos\varphi_k \\ &= U_0 I_0 + U_1 I_1 \cos\varphi_1 + U_2 I_2 \cos\varphi_2 + \cdots + U_k I_k \cos\varphi_k + \cdots \end{aligned}$$

$$\tag{7-12}$$

式（7-12）中，$U_k = \dfrac{U_{km}}{\sqrt{2}}$，$I_k = \dfrac{I_{km}}{\sqrt{2}}$，分别为 k 次谐波电压和电流的有效值，$\varphi_k = \psi_{ku} - \psi_{ki}$ 为 k 次谐波电压与电流的相位差。可见，非正弦周期信号电路的平均功率等于恒定分量构成的功率和各次谐波平均功率的代数和。频率不同的谐波电压和电流分量不产生平均功率。

【例 7-2】 设电路中某一支路的电流为 $i = [10 - 8\cos(10t + 150°) + 4\sin(50t + 50°)]$ A，电压为 $u = [100 + 80\cos(10t + 30°) + 60\cos(30t + 60°) + 40\cos(50t - 160°)]$ V，计算电流、电压的有效值以及支路的平均功率。

解：$i = [10 + 8\sin(10t + 60°) + 4\sin(50t + 50°)]$（A）

$u = [100 + 80\sin(10t + 120°) + 60\sin(30t + 150°) + 40\sin(50t-70°)]$（V）

电流有效值

$$I = \sqrt{10^2 + \left(\frac{8}{\sqrt{2}}\right)^2 + \left(\frac{4}{\sqrt{2}}\right)^2} = \sqrt{140}(\mathrm{A}) = 11.83(\mathrm{A})$$

电压有效值

$$U = \sqrt{100^2 + \left(\frac{80}{\sqrt{2}}\right)^2 + \left(\frac{60}{\sqrt{2}}\right)^2 + \left(\frac{40}{\sqrt{2}}\right)^2} = \sqrt{15800}(\mathrm{V}) = 125.7(\mathrm{V})$$

平均功率

$$\begin{aligned} P &= P_0 + P_1 + P_3 + P_5 \\ &= U_0 I_0 + U_1 I_1 \cos\varphi_1 + U_3 I_3 \cos\varphi_3 + U_5 I_5 \cos\varphi_5 \\ &= 100 \times 10 + \frac{80}{\sqrt{2}} \times \frac{8}{\sqrt{2}}\cos(120° - 60°) + 0 + \frac{40}{\sqrt{2}} \times \frac{4}{\sqrt{2}}\cos(-70° - 50°) \\ &= 1000 + 160 - 40 \\ &= 1120(\mathrm{W}) \end{aligned}$$

7.3 非正弦周期稳态电路的分析

对于非正弦周期电压或电流激励下的线性电路,其分析和计算方法的理论基础是傅里叶级数和叠加定理,即谐波分析法,其具体步骤如下。

(1)将已知的非正弦周期激励分解为傅立叶级数,即分解为恒定分量和各次谐波分量之和。

(2)分别求激励的直流分量以及各次谐波分量单独作用时产生的响应。对直流分量,可用直流电路的求解方法,注意将电容看作开路,电感看作短路;对各次谐波分量,电路的计算如同正弦稳态电路一样,用相量法进行计算。值得注意的是:电容元件、电感元件对不同频率的谐波所呈现出的阻抗是不同的。感抗与谐波次数成正比,容抗与谐波次数成反比。如果基波的频率为 ω,则电容、电感对 k 次谐波的容抗、感抗分别为

$$X_{Ck}=\frac{1}{k\omega C}$$

$$X_{Lk}=k\omega L$$

(3)应用叠加定理,把直流分量和各次谐波分量单独作用于电路所得的结果用瞬时值进行叠加。

【例 7-3】 图 7-3(a)所示电路中,已知 $\omega L=2\Omega$,$\frac{1}{\omega C}=15\Omega$,$R_1=5\Omega$,$R_2=10\Omega$,电源电压为 $u(t)=[10+100\sqrt{2}\sin\omega t+50\sqrt{2}\sin(3\omega t+30°)]$V,求:各支路电流表达式及有效值;电源发出的平均功率。

解: 因为电源电压已经分解为傅立叶级数,可直接计算各次谐波作用下的电路响应。

(1) 直流分量 $U_{(0)}=10$V 单独作用下,等效电路如图 7-3(b) 所示,此时电感看作短路,电容看作开路,各支路电流为

$$I_{2(0)}=0A,\quad I_{1(0)}=I_{(0)}=\frac{U_{(0)}}{R_1}=\frac{10}{5}(A)=2(A)$$

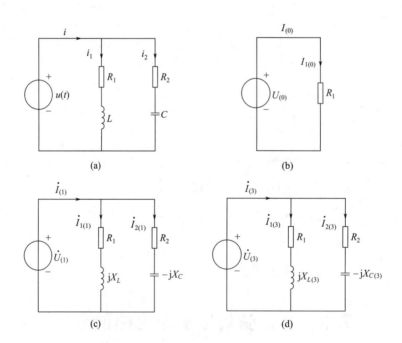

图 7-3 例 7-3 电路图

(2) 基波分量 $u_{(1)}(t)=100\sqrt{2}\sin\omega t$ 单独作用下,等效电路电路如图 7-3 (c) 所示,用相量法计算。各支路电流为

$$\dot{I}_{1(1)}=\frac{\dot{U}_{(1)}}{R_1+j\omega L}=\frac{100\underline{/0^\circ}}{5+j2}(A)=18.55\underline{/-21.8^\circ}(A)$$

$$\dot{I}_{2(1)}=\frac{\dot{U}_{(1)}}{R_2-j\dfrac{1}{\omega C}}=\frac{100\underline{/0^\circ}}{10-j15}(A)=5.55\underline{/56.3^\circ}(A)$$

$$\dot{I}_{(1)}=\dot{I}_{1(1)}+\dot{I}_{2(1)}=(18.55\underline{/-21.8^\circ}+5.55\underline{/56.3^\circ})(A)=20.43\underline{/-6.38^\circ}(A)$$

(3) 三次谐波分量 $u_{(3)}(t)=50\sqrt{2}\sin(3\omega t+30^\circ)$ V 作用于电路时，电路如图 7-3（d）所示。注意此时感抗 $X_{L(3)}=3\omega L=6\Omega$，容抗 $X_{C(3)}=\dfrac{1}{3\omega C}=5\Omega$。各支路电流为

$$\dot{I}_{1(3)}=\frac{\dot{U}_{(3)}}{R_1+jX_{L(3)}}=\frac{50\underline{/30^\circ}}{5+j6}(A)=6.4\underline{/-20.19^\circ}(A)$$

$$\dot{I}_{2(3)}=\frac{\dot{U}_{(3)}}{R_2-jX_{C(3)}}=\frac{50\underline{/30^\circ}}{10-j5}(A)=4.47\underline{/56.57^\circ}(A)$$

$$\dot{I}_{(3)}=\dot{I}_{1(3)}+\dot{I}_{2(3)}=(6.4\underline{/-20.19^\circ}+4.47\underline{/56.57^\circ})(A)=8.61\underline{/10.17^\circ}(A)$$

将以上各个响应分量用瞬时表达式表示后叠加，得到各支路电流为

$$
\begin{aligned}
i(t)&=I_{(0)}+i_{(1)}+i_{(3)}\\
&=[2+20.43\sqrt{2}\sin(\omega t-6.38^\circ)+8.61\sqrt{2}\sin(3\omega t+10.17^\circ)](A)\\
i_1(t)&=I_{1(0)}+i_{1(1)}+i_{1(3)}\\
&=[2+18.55\sqrt{2}\sin(\omega t-21.8^\circ)+6.4\sqrt{2}\sin(3\omega t-20.19^\circ)](A)\\
i_2(t)&=I_{2(0)}+i_{2(1)}+i_{2(3)}\\
&=[5.55\sqrt{2}\sin(\omega t+56.3^\circ)+4.47\sqrt{2}\sin(3\omega t+56.57^\circ)](A)
\end{aligned}
$$

各支路电流有效值为

$$I=\sqrt{2^2+20.43^2+8.61^2}=22.26(A)$$

$$I_1=\sqrt{2^2+18.55^2+6.4^2}=19.72(A)$$

$$I_2=\sqrt{5.55^2+4.47^2}=7.12(A)$$

电源输出的平均功率为

$$
\begin{aligned}
P&=U_{(0)}I_{(0)}+U_{(1)}I_{(1)}\cos\varphi_1+U_{(3)}I_{(3)}\cos\varphi_3\\
&=[10\times2+100\times20.43\cos6.38^\circ+50\times8.61\cos(30^\circ-10.17^\circ)](W)=2455(W)
\end{aligned}
$$

【例 7-4】 图 7-4 所示为一滤波器电路，$i_S(t)=[5+20\sin1000t+10\sin3000t]A$，$L=0.1H$，要求电容 C_1 中只有基波电流，电容 C_3 中只有 3 次谐波电流，求 C_1、C_2 的值。

解： 为使电容 C_1 中只有基波电流而没有 3 次谐波电流，可使 c、b 两点间对 3 次谐波呈现无穷大阻抗（导纳为零）。此时，可有 L 与 C_2 组成的并联环节，对三次谐波发生并联谐振而实现，即当 $3\omega=3000\text{rad/s}$ 时，有

$$Y_{cb(3)}=j3\omega C_2-j\frac{1}{3\omega L}=0$$

得

$$C_2=\frac{1}{(3\omega)^2L}=\frac{1}{3000^2\times0.1}=1.11\ (\mu F)$$

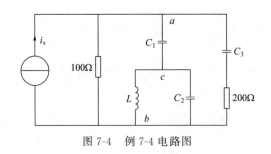

图 7-4　例 7-4 电路图

要使电容 C_3 中只有 3 次谐波而没有基波电流，可使 a、b 两点间对基波的阻抗为 0，让基波电流由此全部通过。此时，L、C_1、C_2 串并联支路应对基波发生串联谐振而呈现短路，即当 $\omega = 1000\text{rad/s}$ 时，有

$$Z_{ab} = -\mathrm{j}\frac{1}{\omega C_1} + \frac{\mathrm{j}\omega L \times \left(-\mathrm{j}\dfrac{1}{\omega C_2}\right)}{\mathrm{j}\omega L + \left(-\mathrm{j}\dfrac{1}{\omega C_2}\right)} = 0$$

即

$$\frac{1}{\omega C_1} + \frac{\dfrac{L}{C_2}}{\omega L - \dfrac{1}{\omega C_2}} = 0$$

$$C_1 = \frac{1 - \omega^2 L C_2}{\omega^2 L} = 8.89 \ (\mu\text{F})$$

本章小结

（1）非正弦周期信号可以分解为傅里叶级数，级数中包括直流分量和各次谐波分量。

（2）非正弦周期电路中电压、电流的有效值，等于各次谐波有效值平方和的平方根，即

$$I = \sqrt{I_0^2 + I_1^2 + I_2^2 + \cdots + I_k^2}$$

$$U = \sqrt{U_0^2 + U_1^2 + U_2^2 + \cdots + U_k^2}$$

（3）非正弦周期电路中的有功功率等于各次谐波功率之和，即

$$P = U_0 I_0 + \sum_{k=1}^{\infty} U_k I_k \cos\varphi_k = U_0 I_0 + U_1 I_1 \cos\varphi_1 + U_2 I_2 \cos\varphi_2 + \cdots + U_k I_k \cos\varphi_k + \cdots$$

（4）非正弦周期电流电路采用谐波分析法计算。

习题7

7-1　已知某线圈对基波的感抗为 10Ω，那么它对三次谐波、五次谐波的感抗各是多少？

7-2　表 7-1 中的锯齿波，$U_m = 10\text{V}$，试将其分解成傅里叶级数（精确到 4 次谐波），求其直流分量、基波和二次谐波。

7-3　求非正弦电压 $u = 40 + 180\sin\omega t + 60\sin(3\omega t + 45^\circ) + 20\sin(5\omega t + 180^\circ)$ V 的有效值。

7-4　某非正弦周期电压源的电压及其供给的电流分别为：

$$u(t) = (100 + 100\sin\omega t + 50\sin2\omega t + 30\sin3\omega t)\text{V}$$

$$i(t) = [10\sin(\omega t - 60^\circ) + 2\sin(3\omega t - 135^\circ)]\text{ A}$$

试求二端网络吸收的平均功率。

7-5　RLC 串联电路外加电压 $u(t) = [10 + 80\sin(\omega t + 60^\circ) + 18\sin3\omega t]$V，$R = 6\Omega$，$\omega L = 2\Omega$，$\dfrac{1}{\omega C} = 18\Omega$，求：(1) 电路中的电流 $i(t)$ 及其有效值 I；(2) 电源输出的平均功率。

7-6　在图 7-5 所示电路中，已知电源电流 $i_S = (10 + 10\sin10t)$A，$C = 1$F，$R = 1\Omega$，试求电流 i_C、i_R。

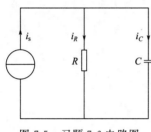

图 7-5　习题 7-6 电路图

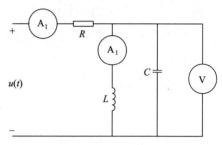

图 7-6　习题 7-7 电路图

7-7　图 7-6 所示电路中，电压 $u(t) = [30 + 15\sqrt{2}\sin\omega t + 10\sqrt{2}\cos3\omega t]$V，$R = 15\Omega$，$\omega L = 10\Omega$，$\dfrac{1}{\omega C} = 90\Omega$，求各电表读数和电路的平均功率。

7-8　已知 RLC 串联电路的端口电压和电流为：$u(t) = [100\sin100\pi t + 50\sin(3 \times 100\pi t - 30^\circ)]$ V，$i(t) = [10\sin100\pi t + 2\sin(3 \times 100\pi t + \varphi)]$ A。求：(1) 电路参数 R、L、C；(2) φ；(3) 电路中的平均功率 P。

7-9　电路如图 7-7 所示，已知 $u_i = (20 + 100\sin\omega t + 70\sin3\omega t)$V，$R = 100\Omega$，$L = 1$H，$f = 50$Hz，试求输出电压 u_o。

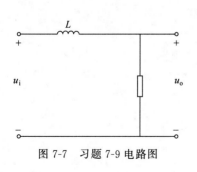

图 7-7　习题 7-9 电路图

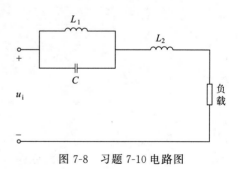

图 7-8　习题 7-10 电路图

7-10　图 7-8 所示的滤波电路中，要求 4ω 的谐波电流传送至负载，且阻止基波电流到达负载。电容 $C = 1\mu$F，$\omega = 100$rad/s，试求 L_1 和 L_2。

7-11 已知图 7-9 所示电路中，$u(t) = (10 + 8\sin\omega t)\,\text{V}$，$R_1 = R_2 = 50\,\Omega$，$\omega L_1 = \omega L_2 = 50\,\Omega$，$\omega M = 40\,\Omega$，求两电阻吸收的平均功率及电源发出的平均功率。

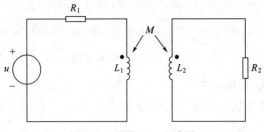

图 7-9　习题 7-11 电路图

第8章

耦合电感和理想变压器

【内容提要】 本章主要介绍耦合电感和理想变压器的基本特性，以及对于含有这两种元件电路的分析和计算方法。

8.1 耦合电感

8.1.1 耦合电感的基本概念

当两个线圈相距较近时，各自线圈上的电流变化会通过磁场相互影响，则称这两个线圈具有磁耦合。具有磁耦合的两个或两个以上的线圈，称为耦合线圈。耦合线圈的理想化模型就是耦合电感。

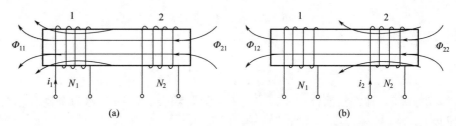

图 8-1 两个线圈的互感

图 8-1（a）所示是一个耦合电感线圈。当线圈 1 中通入变动电流 i_1 时，它所产生的自感磁通为 Φ_{11}，L_1 与 N_1 匝线圈交链后产生自感磁链 Ψ_{11}，大小为

$$\Psi_{11} = N_1 \Phi_{11} = L_1 i_1 \tag{8-1}$$

磁通 Φ_{11} 中的一部分磁通与线圈 2 交链，这部分磁通称为线圈 1 对线圈 2 的互感磁通，用 Φ_{21} 表示。Φ_{21} 与 N_2 匝线圈交链后产生互感磁链 Ψ_{21}，大小为

$$\Psi_{21} = N_2 \Phi_{21} \tag{8-2}$$

互感磁链与产生它的电流成正比，即

$$\Psi_{21} = M_{21} i_1$$

式中 M_{21} 为互感系数，即线圈 1 对线圈 2 的互感系数，单位为 H（亨利）、mH（毫亨）。

由电磁感应定律可知，当互感磁链 Ψ_{21} 的参考方向与线圈 2 中互感电压的参考方向符合

右手螺旋定则时，线圈 2 中的互感电压为

$$u_{21} = \frac{\mathrm{d}\Psi_{21}}{\mathrm{d}t} = M_{21}\frac{\mathrm{d}i_1}{\mathrm{d}t}$$

同理，在图 8-1（b）中，在线圈 2 中通入电流 i_2，则 i_2 在线圈 2 中产生的自感磁链和在线圈 1 中产生的互感磁链分别为

$$\Psi_{22} = N_2\Phi_{22} = L_2 i_2$$
$$\Psi_{12} = M_{12}i_2$$

当互感磁链 Ψ_{12} 的参考方向与线圈 1 中互感电压的参考方向符合右手螺旋定则时，在线圈 1 中的互感电压为

$$u_{12} = \frac{\mathrm{d}\Psi_{12}}{\mathrm{d}t} = M_{12}\frac{\mathrm{d}i_2}{\mathrm{d}t}$$

式中 M_{12} 为互感系数，即线圈 2 对线圈 1 的互感系数。

可以证明 $M_{12} = M_{21}$，当只有两个线圈有耦合时，可以略去 M 的下标，即可令 $M = M_{12} = M_{21}$。

互感 M 的大小反映一个线圈的电流在另一个线圈中产生磁链的能力，它与线圈的匝数、几何尺寸、磁介质及两线圈的相对位置有关。两线圈靠得近，互感磁通几乎等于自感磁通，这时两线圈结合紧密；而两线圈离得远或两线圈的轴互相垂直，则互感磁通就很小，两线圈耦合很微弱。通常用耦合系数 k 来反映线圈的耦合程度，并定义

$$k = \frac{M}{\sqrt{L_1 L_2}} \tag{8-3}$$

式中，L_1、L_2 分别是线圈 1 和线圈 2 的自感。因为

$$k = \frac{M}{\sqrt{L_1 L_2}} = \sqrt{\frac{Mi_1 Mi_2}{L_2 i_2 L_1 i_1}} = \sqrt{\frac{\Phi_{12}\Phi_{21}}{\Phi_{11}\Phi_{22}}}$$

又

$$\Phi_{21} \leqslant \Phi_{11}, \ \Phi_{12} \leqslant \Phi_{22}$$

所以有

$$k = \frac{M}{\sqrt{L_1 L_2}} \leqslant 1$$

通常，$k < 0.5$，称为松耦合；$0.5 < k < 1$ 称为紧耦合；$k = 1$，称为全耦合。在全耦合时，互感最大。

8.1.2　耦合电感的 VCR

每个线圈中的总磁链都是自感磁链和互感磁链的代数和。自感磁链与互感磁链方向一致时取正号，此时的互感起"增助"作用；相反时则取负号，此时的互感起"削弱"作用。

如果线圈 1 和线圈 2 中的总磁链分别用 Ψ_1 和 Ψ_2 表示，则有

$$\Psi_1 = \Psi_{11} \pm \Psi_{12} = L_1 i_1 \pm Mi_2 \tag{8-4}$$
$$\Psi_2 = \Psi_{22} \pm \Psi_{21} = L_2 i_2 \pm Mi_1 \tag{8-5}$$

设 L_1 和 L_2 的电压和电流分别为 u_1、i_1 和 u_2、i_2，且都取关联参考方向，并与各自磁通符合右手螺旋定则，则有

$$u_1 = \frac{\mathrm{d}\Psi_1}{\mathrm{d}t} = L_1\frac{\mathrm{d}i_1}{\mathrm{d}t} \pm M\frac{\mathrm{d}i_2}{\mathrm{d}t} \tag{8-6}$$

$$u_2 = \frac{\mathrm{d}\Psi_2}{\mathrm{d}t} = L_2 \frac{\mathrm{d}i_2}{\mathrm{d}t} \pm M \frac{\mathrm{d}i_1}{\mathrm{d}t} \qquad (8\text{-}7)$$

由上述分析可知，对于具有互感的两个线圈，当电压、电流采用关联参考方向时，各个线圈上的电压等于自感电压与互感电压的代数和。当自感磁通与互感磁通相互增强时，互感电压取正号；自感磁通与互感磁通相互减弱时，互感电压取负号。而判断自感磁通和互感磁通是相互增强还是相互减弱，需要根据两个线圈中电流的方向、线圈的绕向以及线圈的相对位置来确定。但在实际中，互感线圈往往是被外壳密封的，无法知道线圈的实际绕向和相对位置，解决这一问题的方法通常是在耦合电感中标记同名端。

当线圈的电流同时流入（或流出）这对端钮时，在各线圈中所产生的自感磁通链和互感磁通链的参考方向一致，则这两个端钮称为同名端。同名端通常采用相同的符号，如："*"或"·"等作为标记，另外两个没有标记的端子当然也是同名端。必须注意，同名端的位置只取决于互感线圈的绕向和相对位置，而与线圈电流的参考方向无关。如图 8-2（a）中 A 与 C、B 与 D 是同名端。同名端总是成对出现的，如果有两个以上的线圈彼此间都存在磁耦合时，同名端应一对一对地加以标记，每一对必须用不同的符号标出，如图 8-2（b）所示。

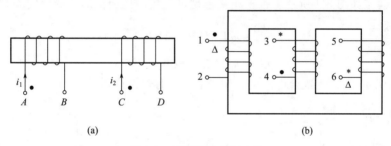

图 8-2　同名端的标记方法

图 8-2（a）互感线圈的电路模型如图 8-3（a）所示。从耦合电感的电路模型可以看出，耦合电感是一个由 L_1、L_2 和 M 三个参数表征的四端元件。在图 8-2（a）中，两个线圈上的电压、电流均为关联参考方向，所以自感电压应取正号。当电流 i_1 和 i_2 分别从 A 端和 C 端流入，即从同名端流向异名端时，它们的自感磁通和互感磁通加强，所以互感电压也取正号。这样，两个线圈上的电压分别为

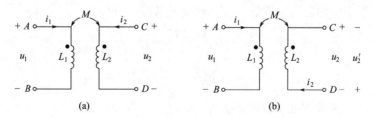

图 8-3　耦合电感 VCR 示例

$$u_1 = L_1 \frac{\mathrm{d}i_1}{\mathrm{d}t} + M \frac{\mathrm{d}i_2}{\mathrm{d}t}$$

$$u_2 = L_2 \frac{\mathrm{d}i_2}{\mathrm{d}t} + M \frac{\mathrm{d}i_1}{\mathrm{d}t}$$

若某一耦合电感的电路模型如图 8-3（b）所示，i_1 与 u_1 为关联参考方向，而 i_2 与 u_2 为非关联参考方向，则先设一个与 i_2 关联的电压 u_2'，由于 i_1 和 i_2 的磁通是互相减弱的，因此

互感电压应取负号。所以有

$$u_1=L_1\frac{\mathrm{d}i_1}{\mathrm{d}t}-M\frac{\mathrm{d}i_2}{\mathrm{d}t}\qquad u'_2=L_2\frac{\mathrm{d}i_2}{\mathrm{d}t}-M\frac{\mathrm{d}i_1}{\mathrm{d}t}$$

因为 $u_2=-u'_2$，故有

$$u_2=-L_2\frac{\mathrm{d}i_2}{\mathrm{d}t}+M\frac{\mathrm{d}i_1}{\mathrm{d}t}$$

通过以上分析，可以归纳出判断自感电压和互感电压正负的方法是：若线圈端口上的电压和电流为关联参考方向，则自感电压为正，如图 8-3（a）所示；若线圈端口上的电压和电流为非关联参考方向，则自感电压为负，如图 8-3（b）中的 u_2 和 i_2。若电流 i 从本身线圈的同名端（或异名端）流到另一端，则它在另一线圈上产生的互感电压方向也是从同名端（或异名端）指向另一端。若互感电压方向与端钮上参考电压方向一致，则互感电压为正，如图 8-3（a）所示；若互感电压方向与端钮上参考电压方向相反，则互感电压取负，如图 8-3（b）中 i_2 在电感 L_1 上产生的互感电压方向为异名端到同名端，与 u_1 的参考方向相反，故互感电压取负。

对于正弦稳态电路中的耦合电感，其电路模型可以用相量形式来表示。图 8-3（a）中耦合电感的相量模型如图 8-4 所示。根据相量模型可直接写出相量形式的伏安关系为

$$\left.\begin{array}{l}\dot{U}_1=\mathrm{j}\omega L_1\dot{I}_1+\mathrm{j}\omega M\dot{I}_2\\[4pt]\dot{U}_2=\mathrm{j}\omega M\dot{I}_1+\mathrm{j}\omega L_2\dot{I}_2\end{array}\right\}\tag{8-8}$$

式中的 $\mathrm{j}\omega L_1$ 和 $\mathrm{j}\omega L_2$ 为耦合电感的自阻抗，$\mathrm{j}\omega M$ 称为互阻抗。

图 8-4　耦合电感的相量模型　　　　　　　图 8-5　例 8-1 图

【例 8-1】　图 8-5 为一耦合电感元件，（1）写出每一线圈上的电压电流关系；（2）设 $M=10\mathrm{mH}$，$i_1=2\sqrt{2}\sin2000t\,\mathrm{A}$，若在 C、D 两端接入一电磁式电压表，则其读数应为多少？

解：（1）根据图中的电压电流的参考方向及同名端，可得

$$u_1=L_1\frac{\mathrm{d}i_1}{\mathrm{d}t}-M\frac{\mathrm{d}i_2}{\mathrm{d}t}$$

$$u_2=-L_2\frac{\mathrm{d}i_2}{\mathrm{d}t}+M\frac{\mathrm{d}i_1}{\mathrm{d}t}$$

（2）在 C、D 两端接入电压表时，认为 C、D 两端开路，此时

$$u_2=M\frac{\mathrm{d}i_1}{\mathrm{d}t}$$

将 $M=10\mathrm{mH}$ 及 $i_1=2\sqrt{2}\sin1000t\,\mathrm{A}$ 代入上式可得

$$u_2=10\times10^{-3}\frac{\mathrm{d}}{\mathrm{d}t}(2\sqrt{2}\sin2000t)$$

$$=10\times10^{-3}\times2\sqrt{2}\times2000\cos2000t$$

$$=40\sqrt{2}\cos2000t\,(\mathrm{V})$$

电磁式电压表测得的电压为有效值，所以电压表读数应为 40V。

【例 8-2】 写出图 8-6 所示耦合电感的伏安关系式。

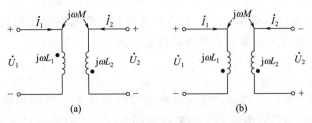

图 8-6 例 8-2 图

解： 对于图 8-6（a）电路有

$$\dot{U}_1 = j\omega L_1 \dot{I}_1 - j\omega M \dot{I}_2$$

$$\dot{U}_2 = -j\omega M \dot{I}_1 + j\omega L_2 \dot{I}_2$$

对于图 8-6（b）电路有

$$\dot{U}_1 = j\omega L_1 \dot{I}_1 + j\omega M \dot{I}_2$$

$$\dot{U}_2 = -j\omega M \dot{I}_1 - j\omega L_2 \dot{I}_2$$

8.1.3　互感电路分析

分析含耦合电感电路时，其依据仍然是基尔霍夫定律。在正弦激励作用下，相量法仍然适用。与分析一般正弦电路的不同点是，在有互感的支路中必须考虑由于磁耦合而产生的互感电压。

1）耦合电感的串联及其去耦

图 8-7（a）所示的串联电路，电流 i 从两个线圈的同名端流入，称为顺向串联（或称顺接）。列写 KVL 方程得

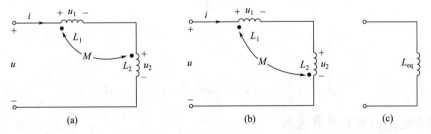

图 8-7　两个耦合电感的串联及其去耦等效电路

$$u = u_1 + u_2 = \left(L_1 \frac{\mathrm{d}i}{\mathrm{d}t} + M \frac{\mathrm{d}i}{\mathrm{d}t}\right) + \left(L_2 \frac{\mathrm{d}i}{\mathrm{d}t} + M \frac{\mathrm{d}i}{\mathrm{d}t}\right) = (L_1 + L_2 + 2M) \frac{\mathrm{d}i}{\mathrm{d}t} = L_{eq} \frac{\mathrm{d}i}{\mathrm{d}t}$$

由此得顺向串联的等效电感为

$$L_{eq} = L_1 + L_2 + 2M \tag{8-9}$$

如果电流是从两个异名端流入，称为反向串联（或称反接），如图 8-7（b）所示，其 KVL 方程为

$$u = u_1 + u_2 = \left(L_1 \frac{\mathrm{d}i}{\mathrm{d}t} - M \frac{\mathrm{d}i}{\mathrm{d}t}\right) + \left(L_2 \frac{\mathrm{d}i}{\mathrm{d}t} - M \frac{\mathrm{d}i}{\mathrm{d}t}\right) = (L_1 + L_2 - 2M) \frac{\mathrm{d}i}{\mathrm{d}t} = L_{eq} \frac{\mathrm{d}i}{\mathrm{d}t}$$

所以其反向串联的等效电感为

$$L_{eq}=L_1+L_2-2M \tag{8-10}$$

由以上分析可以得到耦合电感串联时的去耦等效电路，如图8-7（c）所示。电路中的 L_{eq} 称为等效电感。对实际的耦合电感，无论怎样串联，它储存的磁场能量总是非负的，因而总是存在 $L_{eq} \geq 0$，所以互感系数和自感系数总是满足如下关系：

$$M \leq \frac{L_1+L_2}{2} \tag{8-11}$$

由式（8-9）和式（8-10）可知，正向串联的等效电感大于反向串联的等效电感。根据这一原理，可以通过测量等效电感的大小来判断同名端。等效电感较大的连接为正向串联，流入电流的两个端子为同名端；较小的为反向串接，流入电流的两个端子为异名端。如果用 L' 和 L'' 分别表示这两种串联的等效电感，则互感系数与等效电感的关系为

$$M=\frac{L'-L''}{4} \tag{8-12}$$

【例 8-3】 分别具有内阻 R_1、R_2 的两个线圈，串联到工频 220V 的正弦电源上，顺向串联时的电流 $I_F=6A$，总功率为 360W；反向串联时的电流 $I_R=10A$，求互感系数 M。

解： 顺向串联时，可用等效电阻 $R=R_1+R_2$ 和等效电感 $L'=L_1+L_2+2M$ 相串联时的电路模型来表示。根据已知条件，得

$$R=\frac{P}{I^2}=\frac{360}{6^2}=10 \ (\Omega)$$

$$\omega L'=\sqrt{\left(\frac{U}{I_F}\right)^2-R^2}=\sqrt{\left(\frac{220}{6}\right)^2-10^2}=35.3 \ (\Omega)$$

$$L'=\frac{35.3}{2\pi\times50}=112.4 \ (mH)$$

反向串联时，线圈电阻不变，由已知条件可求出反向串联时的等效电感。

$$\omega L''=\sqrt{\left(\frac{U}{I_R}\right)^2-R^2}=\sqrt{\left(\frac{220}{10}\right)^2-10^2}=19.6 \ (\Omega)$$

$$L''=\frac{19.6}{2\pi\times50}=62.4 \ (mH)$$

互感系数为

$$M=\frac{L'-L''}{4}=\frac{112.4-62.4}{4}=12.5 \ (mH)$$

2）耦合电感的并联及其去耦

若两个并联线圈的同名端分别相接就是同侧并联，两个并联线圈的异名端相接就是异侧并联，分别如图8-8（a）、（b）所示。

对于图8-8（a）、（b）所示电路，根据 KVL 和 KCL 可写出下列方程

$$i_1+i_2-i=0 \tag{8-13}$$

$$L_1\frac{di_1}{dt}\pm M\frac{di_2}{dt}=u \tag{8-14}$$

$$L_2\frac{di_2}{dt}\pm M\frac{di_1}{dt}=u \tag{8-15}$$

整理式（8-13）～式（8-15）得到电路的伏安关系为

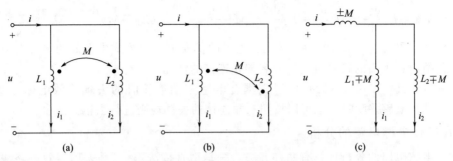

图 8-8 同侧并联及去耦合等效电路

$$u=\left(\frac{L_1L_2-M^2}{L_1+L_2\mp2M}\right)\frac{\mathrm{d}i}{\mathrm{d}t}=L_{eq}\frac{\mathrm{d}i}{\mathrm{d}t} \tag{8-16}$$

其中

$$L_{eq}=\frac{L_1L_2-M^2}{L_1+L_2\mp2M} \tag{8-17}$$

式（8-17）分母中 $2M$ 前的负号对应于同侧并联的情况，如图 8-8（a）所示电路；正号对应于异侧并联的情况，如图 8-8（b）所示电路。由以上分析可以得到耦合电感串联时的去耦等效电路，如图 8-8（c）所示。

由于实际的耦合线圈是有电阻的，所以上述耦合电感的并联只是一种理想的连接方式，而实际耦合线圈的并联模型，通常以三端连接的方式出现，也可以说并联只是三端连接的一种特殊情况。

3）耦合电感的三端连接及其去耦

从耦合电感的两个线圈中各取出一端连接在一起（形成一个公共端），然后从公共端引出一个端子，即形成了耦合电感的三端连接。三端连接也有两种接法：一种是将同名端相连后引出一个端子，如图 8-9（a）所示；另一种是将异名端相连后引出一个端子，如图 8-9（b）所示。

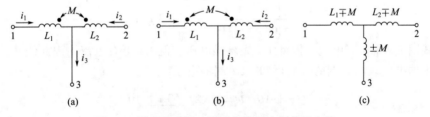

图 8-9 耦合电感的三端连接及其去耦等效电路

对于图 8-9（a）、（b）所示电路，根据 KCL 和 KVL 有

$$i_1+i_2-i_3=0 \tag{8-18}$$

$$u_{13}=L_1\frac{\mathrm{d}i_1}{\mathrm{d}t}\pm M\frac{\mathrm{d}i_2}{\mathrm{d}t} \tag{8-19}$$

$$u_{23}=L_2\frac{\mathrm{d}i_2}{\mathrm{d}t}\pm M\frac{\mathrm{d}i_1}{\mathrm{d}t} \tag{8-20}$$

整理式（8-18）～式（8-20）可得

$$u_{13}=L_1\frac{\mathrm{d}i_1}{\mathrm{d}t}\pm M\frac{\mathrm{d}i_2}{\mathrm{d}t}=L_1\frac{\mathrm{d}i_1}{\mathrm{d}t}\pm M\frac{\mathrm{d}(i_3-i_1)}{\mathrm{d}t}=(L_1\mp M)\frac{\mathrm{d}i_1}{\mathrm{d}t}\pm M\frac{\mathrm{d}i_3}{\mathrm{d}t} \tag{8-21}$$

$$u_{23} = L_2 \frac{\mathrm{d}i_2}{\mathrm{d}t} \pm M \frac{\mathrm{d}i_1}{\mathrm{d}t} = L_2 \frac{\mathrm{d}i_2}{\mathrm{d}t} \pm M \frac{\mathrm{d}(i_3 - i_2)}{\mathrm{d}t} = (L_2 \mp M) \frac{\mathrm{d}i_2}{\mathrm{d}t} \pm M \frac{\mathrm{d}i_3}{\mathrm{d}t} \qquad (8\text{-}22)$$

式（8-21）和式（8-22）即为三端耦合电感的伏安关系，公式中上面的符号对应于同名端相连接的情况；下面的符号对应于异名端相连接的情况。

根据式（8-21）和式（8-22）可得到耦合电感三端连接时的去耦等效电路，如图 8-9 （c）所示。耦合电感并联时，也可以按照三端连接的去耦规则进行去耦。

4）含耦合电感电路的分析

含耦合电感电路的分析计算有两种方法：一是"直接法"；二是去耦等效电路法。下面举例计算。

【例 8-4】 在图 8-10 所示的互感电路中，ab 端加 10V 的正弦电压，已知电路的参数为 $R_1 = R_2 = 3\Omega$，$\omega L_1 = \omega L_2 = 4\Omega$，$\omega M = 2\Omega$，求 cd 端的开路电压。

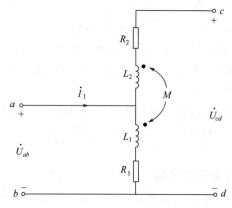

图 8-10 例 8-4 电路图

解：当 cd 端开路时，线圈 2 中无电流，因此在线圈 1 中没有互感电压。

以 ab 端电压为参考，电压 $\dot{U}_{ab} = 10 \underline{/0^\circ}$ V，则

$$\dot{I}_1 = \frac{\dot{U}_{ab}}{R + \mathrm{j}\omega L_1} = \frac{10 \underline{/0^\circ}}{3 + \mathrm{j}4} = 2 \underline{/-53.1^\circ} \text{ (A)}$$

由于线圈 L_2 中没有电流，因此 L_2 无自感电压。但 L_1 上有电流，因此线圈 L_2 中有互感电压，根据电流及同名端的方向可知，cd 端的电压

$$\dot{U}_{cd} = \mathrm{j}\omega M \dot{I}_1 + \dot{U}_{ab} = \mathrm{j}2 \times 2 \underline{/-53.1^\circ} + 10$$
$$= 4 \underline{/36.9^\circ} + 10 = 13.4 \underline{/10.3^\circ} \text{ (V)}$$

【例 8-5】 图 8-11（a）所示具有互感的正弦电路中，已知 $u_s(t) = 2\sqrt{2}\sin(2t + 45^\circ)$ V，$L_1 = L_2 = 1.5$H，$M = 0.5$H，$C = 0.25$F，$R_L = 1\Omega$，求 R_L 吸收的平均功率。

解：利用去耦法，得去耦等效电路如图 8-11（b）所示，其相量模型如图 8-11（c）所示。利用阻抗串、并联等效变换，求得电流

$$\dot{I} = \frac{\dot{U}_s}{\dfrac{(1 + \mathrm{j}2)(\mathrm{j} - \mathrm{j}2)}{(1 + \mathrm{j}2) + (\mathrm{j} - \mathrm{j}2)} + \mathrm{j}2} = 2\sqrt{2} \underline{/0^\circ} \text{(A)}$$

由分流公式，得

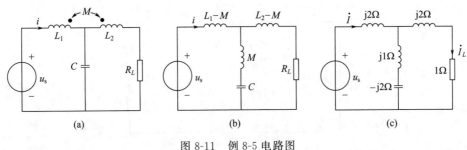

图 8-11　例 8-5 电路图

$$\dot{I}_\text{L}=\frac{\text{j}-\text{j}2}{1+\text{j}2+\text{j}-\text{j}2}\dot{I}=2\sqrt{2}\underline{/-135°}\,\text{(A)}$$

R_L 吸收的平均功率

$$P_L=\frac{1}{2}I^2R_L=\frac{1}{2}\times(2\sqrt{2})^2\times1=4\text{(W)}$$

8.2　空心变压器和理想变压器

1）空心变压器

变压器是一种借助于磁耦合实现能量传输和信号传递的电气设备。它通常由两个互感线圈组成：一个线圈与电源相连接，称为一次侧；另一个线圈与负载相连接，称为二次侧。

若变压器互感线圈绕在非铁磁材料制成的芯子上，则该变压器称为空心变压器，在高频电路中广泛应用，其电路模型如图 8-12 所示。其中，R_1、X_1 为一次绕组的电阻和电抗，R_2、X_2 为二次绕组的电阻和电抗，X_M 为两个绕组的互感电抗，$R_L+\text{j}X_L$ 为负载的电阻和电抗。根据图 8-2 中所示电压、电流参考方向及互感线圈的同名端，由 KVL 列出两个回路的电压方程为

$$\begin{cases}(R_1+\text{j}X_1)\dot{I}_1+\text{j}X_M\dot{I}_2=\dot{U}_1\\\text{j}X_M\dot{I}_1+(R_2+\text{j}X_2+R_L+\text{j}X_L)\dot{I}_2=0\end{cases} \tag{8-23}$$

令 $Z_{11}=R_1+\text{j}X_1$，称为一次侧回路阻抗；$Z_{22}=R_2+\text{j}X_2+R_L+\text{j}X_L$，称为二次侧回路阻抗；$Z_M=\text{j}\omega M$，称为互感阻抗，则

$$\begin{cases}Z_{11}\dot{I}_1+Z_M\dot{I}_2=\dot{U}_1\\Z_M\dot{I}_1+Z_{22}\dot{I}_2=0\end{cases}$$

解上列方程可求得

$$\dot{I}_1=\frac{\dot{U}_1}{Z_{11}+\dfrac{(X_M)^2}{Z_{22}}} \tag{8-24}$$

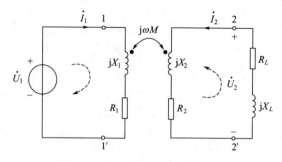

图 8-12　空心变压器的电路模型

$$\dot{I}_2 = -\frac{Z_M \dot{I}_1}{Z_{22}} \tag{8-25}$$

由式（8-25）可知，由于变压器的两个线圈之间有互感 M，所以只要一次绕组接电源 $\dot{U}_1$，二次侧回路就会产生电流 $\dot{I}_2$，从而实现了电能的传输功能。式（8-24）表明，由于互感的存在，二次侧对一次侧的影响相当于在一次回路中增加了一个串联复阻抗 Z_{ref}。Z_{ref} 是空心变压器的二次侧反映到一次侧的复阻抗，称为二次侧对一次侧的反映阻抗。

$$\begin{cases} \dot{I}_1 = \dfrac{\dot{U}_1}{Z_{11} + Z_{ref}} \\ Z_{ref} = \dfrac{(\omega M)^2}{Z_{22}} \end{cases} \tag{8-26}$$

根据式（8-25）和式（8-26），可得变压器从一次侧看进去的等效电路，如图 8-13 所示。

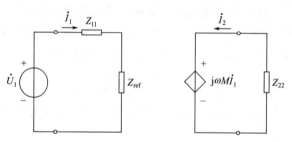

图 8-13　空心变压器的等效电路

【例 8-6】　电路如图 8-12 所示，$\dot{U}_1 = 100\underline{/0°}$ V，$R_1 = 25\Omega$，$R_2 = 20\Omega$，$jX_1 = j45\Omega$，$jX_2 = j40\Omega$，$j\omega M = j30\Omega$，$Z_L = 10 - j10\Omega$，试求电源产生的功率 P。

解：一次侧自阻抗为

$$Z_{11} = R_1 + jX_1 = 25 + j45 \ (\Omega)$$

二次侧自阻抗为

$$Z_{22} = R_2 + jX_2 + Z_L = 20 + j40 + 10 - j10 = 30 + j30 \ (\Omega)$$

反映阻抗为

$$Z_{ref} = \frac{(\omega M)^2}{Z_{22}} = \frac{30^2}{30 + j30} = 15 - j15 \ (\Omega)$$

作出等效电路，如图 8-13 所示，故有

$$\dot{I}_1 = \frac{\dot{U}_1}{Z_{11} + Z_{ref}} = \frac{100\underline{/0°}}{25 + j45 + 15 - j15} = \frac{100\underline{/0°}}{50\underline{/-36.9°}} = 2\underline{/-36.9°} \ (A)$$

电源产生的功率为

$$P = U_1 I_1 \cos\varphi = 100 \times 2 \times 0.8 = 160 \quad (\text{W})$$

【例 8-7】 电路如图 8-14(a) 所示，已知 $\dot{U}_s = 30 \underline{/0^\circ}$ V。若二次侧对一次侧的反映阻抗 $Z_{\text{ref}} = (10-\text{j}10)\Omega$，求：(1)$Z_L$；(2)负载消耗的功率 P_L。

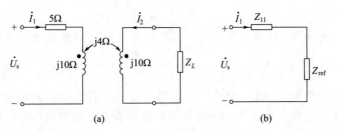

图 8-14 例 8-7 图

解：(1) 由题意：$Z_{\text{ref}} = \dfrac{(\omega M)^2}{Z_{22}} = \dfrac{4^2}{Z_L + \text{j}10} = 10 - \text{j}10 \quad (\Omega)$

得

$$Z_L = 0.8 + \text{j}9.2 \quad (\Omega)$$

(2) 负载获得的有功功率即为反映阻抗消耗的有功功率。而反映阻抗

$$Z_{\text{ref}} = R' + \text{j}X' = 10 - \text{j}10 \quad (\Omega)$$

则 R' 消耗的功率即为负载的功率，即

$$P_L = I_1^2 R_1'$$

$$\dot{I}_1 = \frac{\dot{U}_s}{Z_{11} + Z_{\text{ref}}} = \frac{30 \underline{/0^\circ}}{5 + \text{j}10 + 10 - \text{j}10} \quad (\text{A}) = 2 \underline{/0^\circ} \quad (\text{A})$$

负载消耗的功率为

$$P_L = 2^2 \times 10 = 40 \quad (\text{W})$$

2) 理想变压器

理想变压器可看成耦合电感的极限情况，把满足以下 3 个条件的耦合电感称为理想变压器：

① 全耦合，$k = 1$，无漏磁通；

② 变压器本身无损耗，即一次和二次绕组的电阻为 0；

③ L_1、L_2 和 M 均为无限大，但 $\sqrt{\dfrac{L_1}{L_2}} = n$ 不变，n 为匝数比。

理想变压器的电路模型如图 8-15 (a) 所示。在图示电压、电流参考方向下，伏安关系为

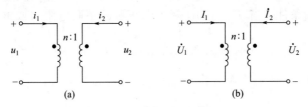

图 8-15 理想变压器的电路模型

$$u_1 = n u_2 \tag{8-27}$$

$$i_1 = -\frac{1}{n}i_2 \tag{8-28}$$

理想变压器的相量模型如图 8-15（b）所示，其伏安关系的相量形式为

$$\dot{U}_1 = n\dot{U}_2 \tag{8-29}$$

$$\dot{I}_1 = -\frac{1}{n}\dot{I}_2 \tag{8-30}$$

由式(8-27)~式(8-30)可知，理想变压器具有变换电压和变换电流的作用，n 为理想变压器的匝数比或称为变比，若一、二次绕组的匝数分别为 N_1、N_2，则 $n = \dfrac{N_1}{N_2}$。当 $n>1$ 时，为降压变压器；当 $n<1$ 时，为升压变压器。需要注意的是：式(8-27)~式(8-30)中的正、负号，与电压、电流的参考方向及同名端的位置有关。当两端口电压的参考极性对于同名端相一致，即如果电压 u_1 和 u_2 的参考正极或负极均在同名端处，则电压关系式中为正号，反之为负号；当两端子电流的参考方向对同名端是相同的，即如果电流 i_1 和 i_2 均从同名端流入或流出，则电流关系式中为负号，反之为正号。

除了改变电压、电流大小的特性外，理想变压器还具有改变阻抗大小的特性。如果在二次侧接上阻抗 Z_L，从一次侧看进去的等效阻抗为

$$Z_{\text{in}} = \frac{\dot{U}_1}{\dot{I}_1} = \frac{n\dot{U}_2}{-\frac{1}{n}\dot{I}_2} = n^2\frac{-\dot{U}_2}{\dot{I}_2} = n^2 Z_L \tag{8-31}$$

式 (8-31) 表明，当理想变压器二次侧接负载阻抗 Z_L 时，对于原边而言，相当于接一个 $n^2 Z_L$ 的阻抗，这就是理想变压器的变换阻抗作用。通常称 Z_{in} 为二次侧对一次侧的折合阻抗。理想变压器的阻抗变换作用在电子工程中得到广泛应用。

【例 8-8】 电路如图 8-16 所示。如果要使 100Ω 电阻能获得最大功率，试确定理想变压器的变比 n。

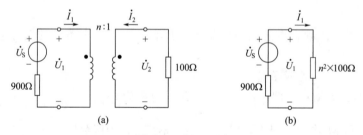

图 8-16　例 8-8 图

解：折合阻抗 $Z_{\text{in}} = n^2 \times 100\Omega$，电路可等效为如图 8-16（b）所示。

由最大功率传输条件，当 $n^2 \times 100\Omega$ 等于电压源的串联电阻（或电源内阻时），负载可获得最大功率。

$$n^2 \times 100 = 900$$

变比 n 为：
$$n = 3$$

【例 8-9】 电路如图 8-17（a）所示，已知 $\dot{U}_s = 100\underline{/0°}$ V，$Z_S = (5-\text{j}4)\ \Omega$，负载阻抗 $Z_L = (5+\text{j}1)\ \Omega$，求电流 $\dot{I}_2$ 和负载吸收的功率。

解：利用折合阻抗法

变压器一次侧等效电路如图 8-17（b）所示。其中一次侧输入阻抗为

$$Z_{in} = Z_S + n^2 Z_L = (5 - j4) + 2^2 \times (5 + j1) = 25(\Omega),$$

所以

$$\dot{I}_1 = \frac{\dot{U}_S}{Z_{in}} = \frac{100 \angle 0°}{25} = 4 \angle 0° (A)$$

$$\dot{I}_2 = n \dot{I}_1 = 2 \times 4 \angle 0° = 8 \angle 0° (A)$$

$$P_L = I_2^2 \text{Re}[Z_L] = 8^2 \times 5 = 320(W)$$

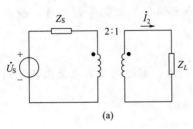 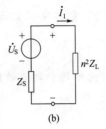

图 8-17 例 8-9 图

本章小结

1. 耦合电感元件

（1）互感系数：$M = \dfrac{\psi_{12}}{i_2} = \dfrac{\psi_{21}}{i_1}$

（2）耦合系数：$K = \dfrac{M}{\sqrt{L_1 L_2}}$ （$0 \leqslant K \leqslant 1$）

（3）同名端：当电流分别从两个耦合电感各自一端子流入（或流出）时，如果耦合电感的自感磁通和互感磁通是相互加强的，则这两个端钮就称为同名端。

（4）耦合电感的伏安关系。

在时域电路中

$$u_1 = \pm L_1 \frac{di_1}{dt} \pm M \frac{di_2}{dt} \quad u_2 = \pm L_2 \frac{di_2}{dt} \pm M \frac{di_1}{dt}$$

在正弦交流电路中

$$\dot{U}_1 = \pm j\omega L_1 \dot{I}_1 \pm j\omega M \dot{I}_2$$

$$\dot{U}_2 = \pm j\omega L_2 \dot{I}_2 \pm j\omega M \dot{I}_1$$

2. 耦合电感电路的分析

一是直接法，列写独立回路的 KVL 方程组联立求解的方法。

二是去耦等效法。

（1）耦合电感的串联等效。互感线圈串联时的等效电感为

$$L = L_1 + L_2 \pm 2M$$

顺向串联时取"＋"，反向串联时取"－"。

（2）耦合电感的并联等效。互感线圈并联时的等效电感为

$$L = \frac{L_1 L_2 - M^2}{L_1 + L_2 \mp 2M}$$

同侧并联时 $2M$ 前取 "－"，异侧并联时 $2M$ 前取 "＋"。

（3）三端去耦。其去耦等效电路如图 8-9 所示。

3. 空心变压器

含空心变压器的正弦稳态分析，通常采用两种方法：一种是方程法；另一种是反映阻抗法。

（1）方程分析法。对空心变压器相量模型的一次侧和二次侧回路列网孔方程进行分析计算。

（2）反映阻抗法。利用空心变压器一次侧和二次侧等效电路，如图 8-13 所示电路进行分析计算。

4. 理想变压器

N_1 和 N_2 分别为原边和副边的匝数，原、副边电压和电流满足下列关系：

$$u_1 = \pm n u_2 \quad i_1 = \mp \frac{1}{n} i_2$$

式中 $n = \dfrac{N_1}{N_2}$，称为理想变压器的变比。正、负号与端子电压、电流的参考方向和同名端的位置有关。

理想变压器也可以实现阻抗变换。如果在二次侧接上阻抗 Z_L，从一次侧看进去的等效阻抗为

$$Z_{\text{in}} = n^2 Z_L$$

■■■■ 习题8 ■■■■

8-1　已知两个线圈的自感分别为 $L_1 = 2\text{H}$，$L_2 = 8\text{H}$，问：

（1）若两个线圈全耦合，则互感 M 为多大？

（2）若互感 $M = 3\text{H}$，则耦合系数 k 为多大？

（3）若两个线圈耦合系数 $k = 1$，分别将它们顺接串联和反接串联，则等效电感为多少？

（4）若两个线圈耦合系数 $k = 0.5$，分别将它们同侧并联和异侧并联，则等效电感为多少？

8-2　互感线圈如图 8-18 所示，请判定它们的同名端。

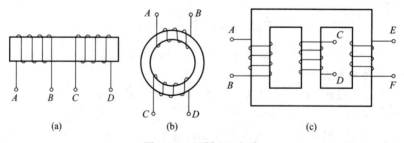

图 8-18　习题 8-2 电路

8-3　写出图 8-19 所示电路中各耦合电感的伏安关系表达式。

8-4　通过测量流入互感的两串联线圈的电流、功率和外施电压，可以确定两个线圈之间的互感。现在用 $U = 220\text{V}$，$f = 50\text{Hz}$ 的电源进行测量，当顺向串联时，测得 $I = 2.5\text{A}$，$P = 62.5\text{W}$；当反向串联时，测得 $P = 250\text{W}$，求互感 M。

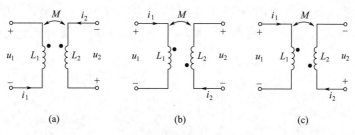

图 8-19 习题 8-3 电路

8-5 如图 8-20 所示电路，在正弦稳态下，已知 $i_s(t)=2\sin(3t)$，求开路电压 $u(t)$。

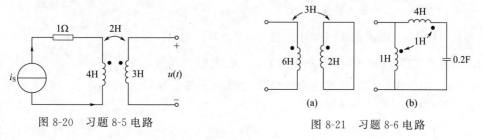

图 8-20 习题 8-5 电路

图 8-21 习题 8-6 电路

8-6 求图 8-21 电路的输入阻抗 Z（$\omega=1\text{rad/s}$）。

8-7 如图 8-22 所示耦合电路，请写出它的网孔方程。

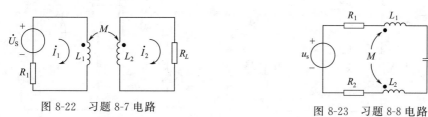

图 8-22 习题 8-7 电路

图 8-23 习题 8-8 电路

8-8 在图 8-23 所示电路中，已知 $R_1=20\Omega$，$R_2=80\Omega$，$L_1=3\text{H}$，$L_2=10\text{H}$，$M=5\text{H}$，$u_s(t)=100\sqrt{2}\sin(100t)\text{V}$。欲使电流 i 与 u_s 同相位，求：（1）所需的电容 C 值；（2）电压源发出的有功功率 P。

8-9 如图 8-24 所示互感电路，已知 $R_1=3\Omega$，$R_2=7\Omega$，$L_1=4.75\text{H}$，$L_2=5.25\text{H}$，$M=2.5\text{H}$，电流 $i=2\sqrt{2}\sin 2t\,\text{A}$，求电压 u。

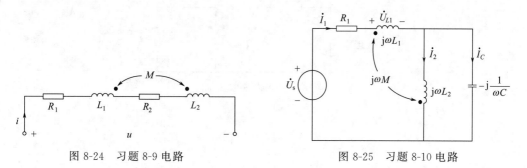

图 8-24 习题 8-9 电路

图 8-25 习题 8-10 电路

8-10 图 8-25 所示电路，已知 $R_1=50\Omega$，$L_1=70\text{mH}$，$L_2=20\text{mH}$，$M=20\text{mH}$，$C=25\mu\text{F}$，正弦交流电压源电压 $\dot{U}_s=100\underline{/0^\circ}\,\text{V}$，$\omega=10^3\text{rad/s}$，求 $\dot{I}_1$、$\dot{I}_2$、$\dot{I}_C$ 及 $\dot{U}_{L1}$。

8-11 空心变压器电路如图 8-26 所示，已知 $L_1 = L_2 = 100\text{mH}$，$M = 50\text{mH}$，$R_1 = 100\Omega$，$C_1 = C_2 = 10\mu\text{F}$，$u_s = 50\sqrt{2}\sin10^3 t\text{ V}$，求 R_2 为何值时可获得最大功率，并求此最大功率。

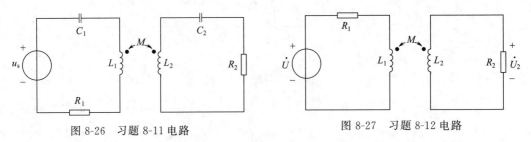

图 8-26 习题 8-11 电路   图 8-27 习题 8-12 电路

8-12 图 8-27 所示正弦电路中，已知 $R_1 = R_2 = 10\Omega$，$\omega L_1 = 30\Omega$，$\omega L_2 = 20\Omega$，$\omega M = 10\Omega$，电源电压 $\dot{U} = 100\angle0°\text{ V}$。求电压 U_2 及 R_2 电阻消耗的功率。

8-13 电路如图 8-28 所示，为使负载 10Ω 电阻能获得最大功率，求理想变压器的变比 n 及最大功率值。

8-14 图 8-29 所示电路中，已知 $\dot{U}_s = 160\angle0°\text{ V}$，$R$ 为何值时，它所吸收的功率最大？并求此最大功率。

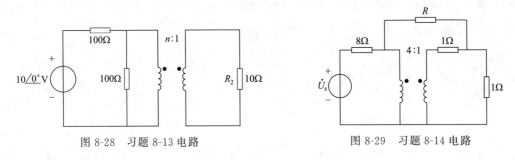

图 8-28 习题 8-13 电路   图 8-29 习题 8-14 电路

8-15 电路如图 8-30 所示，求电流 $\dot{I}$。

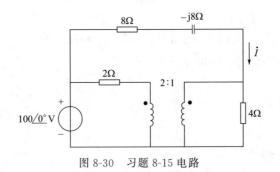

图 8-30 习题 8-15 电路

第9章

无源二端口网络

【内容提要】 很多实际电路的结构很复杂，有的甚至被封装起来，只引出一些端子和外电路相连。在分析电路的性能时，只能由流过端子的电流和端子两端的电压来表征。本章主要介绍二端口网络的基本概念，具体介绍二端口网络的基本方程、参数及其含义，各种参数的获取方法，参数之间的相互关系，二端口网络的 T 形、π 形等效电路，二端口网络的等效电路等。

在工程实践中所涉及的电路往往很复杂，为了便于分析、设计、计算，通常采用方框图表示具体电路的工作原理或不同功能电路之间的关系。许多实际电路可以归纳为如图 9-1 所示的形式，即信号源电路发出的信号通过中间网络的处理，然后再提供给负载。中间网络有 4 个端子，进行信号的放大、衰减、滤波（选频）或阻抗匹配等。为了便于分析计算，在电路理论中，当中间网络满足一定条件时，可将其看成如图 9-2 所示的二端口网络。

图 9-1　实际电路的形式

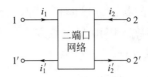

图 9-2　二端口网络

二端口网络有两个端口，分别作为信号的输入、输出端。在如图 9-2 所示的二端口网络中，常常将端口 1-1′作为信号的输入端接信号源，简称为入口，将端口 2-2′作为信号的输出端接负载，简称为出口。二端口网络必须满足的端口条件是：在同一端口上流入的电流等于流出的电流，即 $i_1 = i'_1$、$i_2 = i'_2$。如果不满足这一条件，则称为四端口网络。

如果二端口网络仅由线性元件构成，且不含任何独立电源和受控源时，称为线性无源二端口网络，如图 9-3（a）所示。线性无源二端口网络具有互易性，即激励与相应互换位置后其结果不变。若二端口网络含有独立电源或受控源，则称为有源二端口网络，如图 9-3（b）所示。

本章只介绍线性无源二端口网络的外特性，即端口电流、电压之间的关系。联系这些端口电流、电压之间关系的是一些二端口网络参数，如 Z、Y、H、T 参数等，一旦求得这些参数，则二端口网络端口的电流、电压关系也就确定了，分析其传输特性时就不必再涉及原来复杂电路内部的任何计算。

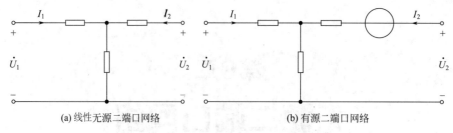

(a)线性无源二端口网络　　　　　　　　　　(b)有源二端口网络

图 9-3　无源及有源二端口网络

9.1　二端口网络的方程和参数

如图 9-4 所示，二端口网络端口处有 4 个变量，即输入端口的电压$\dot{U}_1$、电流$\dot{I}_1$，输出端口的电压$\dot{U}_2$、电流$\dot{I}_2$。一般规定，输入电流从端子 1 流入网络，输出电流从端子 2 流入网络，且端口电压、电流均取关联参考方向。

图 9-4　线性无源二端口网络

在 4 个变量中，若取其中任意两个为自变量，其余的两个便为因变量，共有 6 种不同的取法，相应的参数方程也有 6 种，分别是 Z 参数方程、Y 参数方程、H 参数方程、G 参数方程、T 参数方程和 T' 参数方程。本章只介绍常用的 Y 参数方程、H 参数方程、T 参数方程、H 参数方程。

9.1.1　Z 参数方程

取$\dot{I}_1$、$\dot{I}_2$为自变量，则因变量$\dot{U}_1$、$\dot{U}_2$由二端口网络的特性决定。端口电流$\dot{I}_1$、$\dot{I}_2$可根据替代定理，分别用电流源来替代，如图 9-5（a）所示。应用叠加定理，可推导出端口电压与电流的关系式。

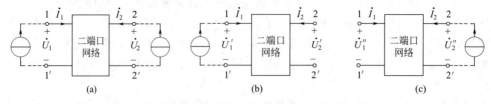

(a)　　　　　　　　　　(b)　　　　　　　　　　(c)

图 9-5　二端口网络的开路阻抗参数

电流源$\dot{I}_1$单独作用时，令$\dot{I}_2$为零，即出口开路，此时端口电压分别用$\dot{U}'_1$和$\dot{U}'_2$表示，如图 9-5（b）所示。因为二端口网络是无源线性网络，因此$\dot{U}'_1$和$\dot{U}'_2$与电流$\dot{I}_1$成正比，设

比例系数分别为 Z_{11} 和 Z_{21}，则端口电压可表示成 $\dot{U}'_1 = Z_{11}\dot{I}_1$ 和 $\dot{U}'_2 = Z_{21}\dot{I}_1$。同理，当电流源 $\dot{I}_2$ 单独作用时，入口开路，端口电压分别用 $\dot{U}''_1$ 和 $\dot{U}''_2$ 表示，如图 9-5（c）所示，则端口电压可表示成 $\dot{U}''_1 = Z_{12}\dot{I}_2$ 和 $\dot{U}''_2 = Z_{22}\dot{I}_2$。式中，$Z_{12}$、$Z_{22}$ 是比例系数。根据叠加定理得

$$\dot{U}_1 = \dot{U}'_1 + \dot{U}''_1 = Z_{11}\dot{I}_1 + Z_{12}\dot{I}_2$$

$$\dot{U}_2 = \dot{U}'_2 + \dot{U}''_2 = Z_{21}\dot{I}_1 + Z_{22}\dot{I}_2$$

即有

$$\begin{cases} \dot{U}_1 = Z_{11}\dot{I}_1 + Z_{12}\dot{I}_2 \\ \dot{U}_2 = Z_{21}\dot{I}_1 + Z_{22}\dot{I}_2 \end{cases} \tag{9-1}$$

式（9-1）称为开路阻抗参数方程或 Z 参数方程。式中，Z_{11}、Z_{12}、Z_{21}、Z_{22} 都具有阻抗的量纲，故称为开路阻抗参数，简称 Z 参数。

Z 参数方程可写成矩阵形式

$$\begin{bmatrix} \dot{U}_1 \\ \dot{U}_2 \end{bmatrix} = \begin{bmatrix} Z_{11} & Z_{12} \\ Z_{21} & Z_{22} \end{bmatrix} \begin{bmatrix} \dot{I}_1 \\ \dot{I}_2 \end{bmatrix} \tag{9-2}$$

将其中的系数矩阵定义为 Z 参数矩阵（或开路阻抗矩阵），记为

$$Z = \begin{bmatrix} Z_{11} & Z_{12} \\ Z_{21} & Z_{22} \end{bmatrix}$$

分别令式（9-1）中的自变量 $\dot{I}_1$、$\dot{I}_2$ 为零，则 Z 参数的定义及物理意义为：

$Z_{11} = \left. \dfrac{\dot{U}_1}{\dot{I}_1} \right|_{i_2=0}$ 表示出口（2-2′端）开路时入口（1-1′端）的输入阻抗；

$Z_{21} = \left. \dfrac{\dot{U}_2}{\dot{I}_1} \right|_{i_2=0}$ 表示出口（2-2′端）开路时的正向转移阻抗；

$Z_{12} = \left. \dfrac{\dot{U}_1}{\dot{I}_2} \right|_{i_1=0}$ 表示入口（1-1′端）开路时的反向转移阻抗；

$Z_{22} = \left. \dfrac{\dot{U}_2}{\dot{I}_2} \right|_{i_1=0}$ 表示入口（1-1′端）开路时出口（2-2′端）的输入阻抗。

【例 9-1】 电路如图 9-6 所示，已知 $R_1 = \dfrac{1}{2}\Omega$，$R_2 = \dfrac{1}{4}\Omega$，$R_3 = \dfrac{1}{3}\Omega$，求其 Z 参数。

解： 将二端口网络的输出端 2-2′开路，有

$$\dot{I}_1 = \frac{\dot{U}_1}{R_1} + \frac{\dot{U}_1}{R_2 + R_3} = \frac{\dot{U}_1}{\frac{1}{2}} + \frac{\dot{U}_1}{\frac{1}{4} + \frac{1}{3}} = \frac{26}{7}\dot{U}_1$$

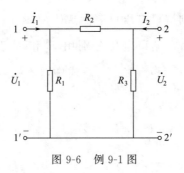

图 9-6 例 9-1 图

整理，可求得参数

$$Z_{11}=\left.\frac{\dot{U}_1}{\dot{I}_1}\right|_{\dot{I}_2=0}=\frac{7}{26}\Omega=0.270\ (\Omega)$$

$$Z_{21}=\left.\frac{\dot{U}_2}{\dot{I}_1}\right|_{\dot{I}_2=0}=\frac{4}{7}\times\frac{7}{26}\Omega=\frac{2}{13}\Omega=0.154\ (\Omega)$$

将二端口网络的输入端口 1-1′ 开路，有

$$\dot{I}_2=\frac{\dot{U}_2}{R_3}+\frac{\dot{U}_2}{R_2+R_1}=\frac{\dot{U}_2}{\frac{1}{3}}+\frac{\dot{U}_2}{\frac{1}{4}+\frac{1}{2}}=\frac{13}{3}\dot{U}_2$$

$$\dot{U}_1=\frac{R_1\dot{U}_2}{R_1+R_2}=\frac{\frac{1}{2}}{\frac{1}{4}+\frac{1}{2}}\dot{U}_2=\frac{2}{3}\dot{U}_2$$

整理，可求得参数

$$Z_{12}=\left.\frac{\dot{U}_1}{\dot{I}_2}\right|_{\dot{I}_1=0}=\frac{2}{3}\times\frac{3}{13}=\frac{2}{13}=0.154\ (\Omega)$$

$$Z_{22}=\left.\frac{\dot{U}_2}{\dot{I}_2}\right|_{\dot{I}_1=0}=\frac{3}{13}=0.231\ (\Omega)$$

故二端口网络的 Z 参数矩阵为

$$Z=\begin{bmatrix}Z_{11}&Z_{12}\\Z_{21}&Z_{22}\end{bmatrix}=\begin{bmatrix}0.270&0.154\\0.154&0.231\end{bmatrix}\ (\Omega)$$

由本例可见，$Z_{12}=Z_{21}$，二端口网络具有互易性，有三个参数是独立的。

二端口网络具有如下特性：

（1）对互易二端口网络而言，Z 参数中只有三个是独立的，其中有 $Z_{12}=Z_{21}$。

（2）当二端口网络是对称网络时，Z 参数中只有两个是独立的，其中有 $Z_{12}=Z_{21}$、$Z_{11}=Z_{22}$。

（3）对于非互易二端口网络，即含有受控源的二端口网络而言，一般情况下，4 个 Z 参数都是独立的。

9.1.2　Y 参数方程

取 U_1、U_2 为自变量，则因变量 $\dot{I}_1$、$\dot{I}_2$ 由二端口网络的特性决定。根据替代定理，端口

电压 U_1、U_2 可用电压源替代，如图 9-7 所示。由叠加定理可得短路导纳参数方程为

$$\begin{cases} \dot{I}_1 = Y_{11}\dot{U}_1 + Y_{12}\dot{U}_2 \\ \dot{I}_2 = Y_{21}\dot{U}_1 + Y_{22}\dot{U}_2 \end{cases} \tag{9-3}$$

短路导纳参数方程又称为 Y 参数方程。式（9-3）中，Y_{11}、Y_{12}、Y_{21}、Y_{22} 都具有导纳的量纲，故称为短路导纳参数，简称 Y 参数。Y 参数方程可写成矩阵形式

$$\begin{bmatrix} \dot{I}_1 \\ \dot{I}_2 \end{bmatrix} = \begin{bmatrix} Y_{11} & Y_{12} \\ Y_{21} & Y_{22} \end{bmatrix} \begin{bmatrix} \dot{U}_1 \\ \dot{U}_2 \end{bmatrix} \tag{9-4}$$

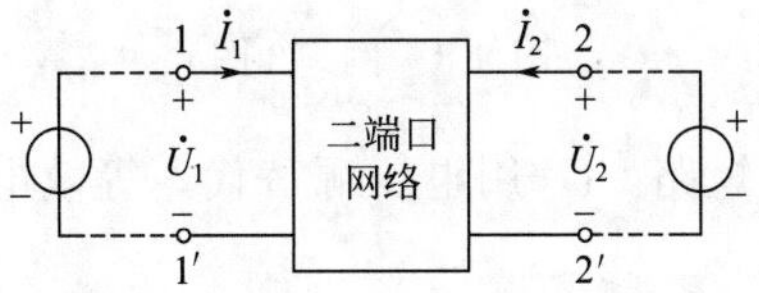

图 9-7　二端口网络短路导纳参数

将式中的系数矩阵定义为 Y 参数矩阵（或短路导纳矩阵），即有

$$Y = \begin{bmatrix} Y_{11} & Y_{12} \\ Y_{21} & Y_{22} \end{bmatrix}$$

分别令 Y 参数方程中的自变量为零，则 Y 参数的定义及物理意义为：

$Y_{11} = \dfrac{\dot{I}_1}{\dot{U}_1}\bigg|_{\dot{U}_2=0}$　表示出口（2-2′端）短路时入口（1-1′端）的输入导纳；

$Y_{21} = \dfrac{\dot{I}_2}{\dot{U}_1}\bigg|_{\dot{U}_2=0}$　表示出口（2-2′端）短路时的正向转移导纳；

$Y_{12} = \dfrac{\dot{I}_1}{\dot{U}_2}\bigg|_{\dot{U}_1=0}$　表示入口（1-1′端）短路时的反向转移导纳；

$Y_{22} = \dfrac{\dot{I}_2}{\dot{U}_2}\bigg|_{\dot{U}_1=0}$　表示入口（1-1′端）短路时出口（2-2′端）的输入导纳。

当二端口网络是互易网络时，有 $Y_{12}=Y_{21}$，Y 参数中只有 3 个是独立的。当二端口网络是对称网络时，有 $Y_{12}=Y_{21}$、$Y_{11}=Y_{22}$，Y 参数中只有两个独立。对于非互易二端口网络，即含有受控源的二端口网络，一般情况下，4 个 Y 参数都是独立的。

【例 9-2】 求如图 9-8（a）所示二端口网络的 Y 参数矩阵。

解： 此二端口网络中含有电容元件，所以端口电压、电流用相量表示。求 Y 参数时，端口电压分别用电压源替代，然后根据 Y 参数定义求解。

令 $\dot{U}_2$ 为零，即端口 2-2′短路，$\dot{U}_1$ 用电压源替代，等效电路如图 9-8（b）所示，则有

$$\dot{I}_1 = (j\omega C_1 + G_2)\dot{U}_1, \quad \dot{I}_2 = g\dot{U}_1 - G_2\dot{U}_1 = (g - G_2)\dot{U}_1$$

由 Y 参数定义得 $Y_{11} = \dfrac{\dot{I}_1}{\dot{U}_1}\bigg|_{U_2=0} = (j\omega C_1 + G_2)$，$Y_{21} = \dfrac{\dot{I}_2}{\dot{U}_1}\bigg|_{U_2=0} = (g - G_2)$

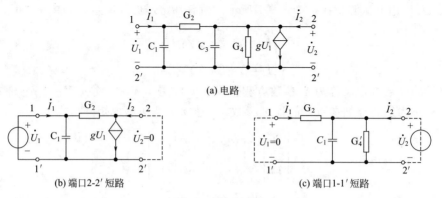

(a) 电路

(b) 端口2-2′短路   (c) 端口1-1′短路

图 9-8   例 9-2 图

再令 $\dot{U}_1$ 为零，即端口 1-1′短路，$\dot{U}_2$ 用电压源替代，等效电路如图 9-8（c）所示，有

$$\dot{I}_1=-G_2\dot{U}_2，\quad \dot{I}_2=(G_2+j\omega C_3+G_4)\dot{U}_2$$

由 Y 参数定义得

$$Y_{12}=\left.\frac{\dot{I}_1}{\dot{U}_2}\right|_{U_1=0}=-G_2，\quad Y_{22}=\left.\frac{\dot{I}_2}{\dot{U}_2}\right|_{U_1=0}=G_2+j\omega C_3+G_4$$

所以，Y 参数矩阵为

$$Y=\begin{bmatrix} Y_{11} & Y_{12} \\ Y_{21} & Y_{22} \end{bmatrix}=\begin{bmatrix} (j\omega C_1+G_2) & -G_2 \\ (g-G_2) & (G_2+j\omega C_3+G_4) \end{bmatrix}$$

因为在例 9-2 电路中含有受控源，电路不再具有互易性，故所求出的 Y 参数都是独立的。

9.1.3   H 参数方程

取 $\dot{I}_1$、$\dot{U}_2$ 为自变量，则因变量 $\dot{U}_1$、$\dot{I}_2$ 由二端口网络的特性决定。根据替代定理，$\dot{I}_1$、$\dot{U}_2$ 可分别用电流源、电压源替代，如图 9-9 所示。由叠加定理可得混合参数方程为

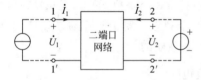

图 9-9   二端口网络混合参数

$$\begin{cases} \dot{U}_1=H_{11}\dot{I}_1+H_{12}\dot{U}_2 \\ \dot{I}_2=H_{21}\dot{I}_1+H_{22}\dot{U}_2 \end{cases} \tag{9-5}$$

混合参数方程又称为 H 参数方程。式中，H_{11}、H_{12}、H_{21}、H_{22} 具有不同的量纲，故称之为二端口网络混合参数，简称 H 参数。H 参数方程可写成矩阵形式

$$\begin{bmatrix} \dot{U}_1 \\ \dot{I}_2 \end{bmatrix}=\begin{bmatrix} H_{11} & H_{12} \\ H_{21} & H_{22} \end{bmatrix}\begin{bmatrix} \dot{I}_1 \\ \dot{U}_2 \end{bmatrix} \tag{9-6}$$

将式中的系数矩阵定义为 H 参数矩阵（或混合参数矩阵），即有

$$H = \begin{bmatrix} H_{11} & H_{12} \\ H_{21} & H_{22} \end{bmatrix}$$

分别令 H 参数方程中的自变量为零，则 H 参数的定义及物理意义为：

$H_{11} = \dfrac{\dot{U}_1}{\dot{I}_1}\Bigg|_{\dot{U}_2=0}$ 表示出口（2-2′端）短路时入口（1-1′端）的输入阻抗（Ω）；

$H_{21} = \dfrac{\dot{I}_2}{\dot{I}_1}\Bigg|_{\dot{U}_2=0}$ 表示出口（2-2′端）短路时的电流增益，无量纲；

$H_{12} = \dfrac{\dot{U}_1}{\dot{U}_2}\Bigg|_{\dot{I}_1=0}$ 表示入口（1-1′端）开路时的反向电压增益，无量纲；

$H_{22} = \dfrac{\dot{I}_2}{\dot{U}_2}\Bigg|_{\dot{I}_1=0}$ 表示入口（1-1′端）开路时出口（2-2′端）的输入导纳（S）。

在互易二端口网络中，有 $H_{21} = -H_{12}$，H 参数中只有 3 个是独立的。在对称二端口网络中，有 $H_{21} = -H_{12}$ 和 $H_{11}H_{22} - H_{12}H_{21} = 1$，$H$ 参数中只有两个是独立的。对于非互易二端口网络，即含有受控源的二端口网络而言，一般情况下，4 个 H 参数都是独立的。

【**例 9-3**】 晶体管的小信号模型如图 9-10 所示，求该电路的混合参数。

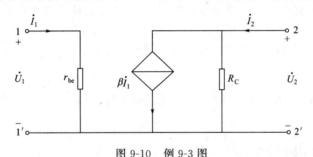

图 9-10 例 9-3 图

解：将二端口网络的输出端口 2-2′短路，在输入端口 1-1′加电压，整理可得

$$H_{11} = \dfrac{\dot{U}_1}{\dot{I}_1}\Bigg|_{\dot{U}_2=0} = r_{be}$$

$$H_{21} = \dfrac{\dot{I}_2}{\dot{I}_1}\Bigg|_{\dot{U}_2=0} = \beta$$

实际上，r_{be} 为晶体管的输入电阻；β 为晶体管电流放大倍数。

将二端口网络的输入端口 1-1′开路，在输出端口 2-2′加电压，整理可得

$$H_{12} = \dfrac{\dot{U}_1}{\dot{U}_2}\Bigg|_{\dot{I}_1=0} = 0$$

$$H_{22} = \dfrac{\dot{I}_2}{\dot{U}_2}\Bigg|_{\dot{I}_1=0} = \dfrac{1}{R_C}$$

9.1.4 T 参数方程

在电力、通信系统中，为了分析信号的传输情况，常常需要知道输出端口电压、电流对输入端口的直接影响。因此，在数学形式上将出口的 $\dot{U}_2$、$\dot{I}_2$ 作为自变量，则入口的 $\dot{U}_1$、$\dot{I}_1$ 就是因变量，由此可得传输参数方程为

$$\dot{U}_1 = A\dot{U}_2 + B(-\dot{I}_2) \tag{9-7}$$

$$\dot{I}_1 = C\dot{U}_2 + D(-\dot{I}_2) \tag{9-8}$$

传输参数方程简称为 T 参数方程。式中，A、B、C、D 称为二端口网络的传输参数，简称 T 参数。方程中，$\dot{I}_2$ 前取负号，表示输出电流是从端子 2 流出二端口网络的。T 参数方程可写成矩阵形式：

$$\begin{bmatrix} \dot{U}_1 \\ \dot{I}_1 \end{bmatrix} = \begin{bmatrix} A & B \\ C & D \end{bmatrix} \begin{bmatrix} \dot{U}_2 \\ -\dot{I}_2 \end{bmatrix} \tag{9-9}$$

将式中的系数矩阵定义为 T 参数矩阵（或传输参数矩阵），即

$$T = \begin{bmatrix} A & B \\ C & D \end{bmatrix}$$

分别令 T 参数方程中的自变量为零，则 T 参数的定义及物理意义为：

$A = \dfrac{\dot{U}_1}{\dot{U}_2}\bigg|_{\dot{I}_2=0}$　表示出口（2-2′端）开路时反向转移电压比；

$B = \dfrac{\dot{U}_1}{-\dot{I}_2}\bigg|_{\dot{U}_2=0}$　表示出口（2-2′端）短路时反向转移阻抗；

$C = \dfrac{\dot{I}_1}{\dot{U}_2}\bigg|_{\dot{I}_2=0}$　表示出口（2-2′端）开路时反向转移导纳；

$D = \dfrac{\dot{I}_1}{-\dot{I}_2}\bigg|_{\dot{U}_2=0}$　表示出口（2-2′端）短路时反向转移电流比。

对于无源线性二端口网络，即互易二端口网络，T 参数中只有 3 个是独立的，其中 $AD-BC=1$。对于对称二端口网络，还有 $A=D$，即 T 参数中只有两个是独立的。对于非互易二端口网络，一般情况下，4 个参数都是独立的。

上述 4 种二端口网络参数，即 Z、Y、H、T 参数，其值都是由二端口网络中的元件数值、结构及工作频率决定的，而与激励、负载无关，都可用来描述网络本身的特性。对于已知元件数值、结构的二端口网络，其参数可按参数定义分别计算。对于一个具体的实际二端口网络，其参数可通过电路测量的方法获取。

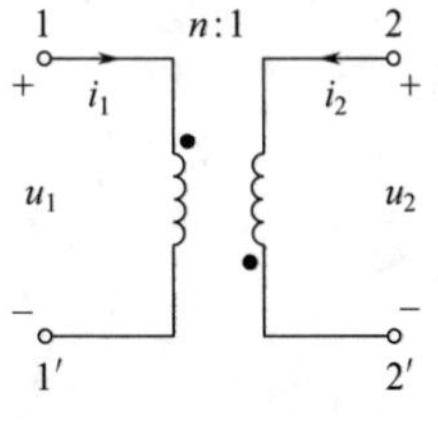

图 9-11　例 9-4 图

【例 9-4】　求如图 9-11 所示理想变压器的 T 参数矩阵。

解：由理想变压器端口的伏安关系式可知

$$u_1 = -nu_2, \quad i_1 = \frac{1}{n}i_2$$

与 T 参数方程比较后可得

$$A = -n, \ B = 0, \ C = 0, \ D = -\frac{1}{n}$$

所以，理想变压器的 T 参数矩阵为

$$T = \begin{bmatrix} -n & 0 \\ 0 & -\dfrac{1}{n} \end{bmatrix}$$

9.2 二端口网络参数之间的关系

在上述讨论的 4 种参数中，Z 参数、Y 参数是二端口网络最基本的参数，H 参数在低频晶体管放大电路中应用广泛且物理意义明确，T 参数最适合用于分析二端口网络的传输特性。对于同一个二端口网络，一般来说，可用 4 种参数中的任意一种来描述，但应根据不同的具体情况，选用一种更为合适的参数。因此，如何获取二端口网络的参数及各种参数之间的转换关系就显得很重要了。

当已知二端口网络的某种参数后（如 H 参数），则可将该参数方程改写成另一种参数方程的形式（如 Y 参数），然后将改写后的方程与 9.1 节中介绍的基本方程（如 Y 参数方程）进行比较，便可求出两种参数之间的关系。

【例 9-5】 已知某二端口网络的 H 参数分别为 H_{11}、H_{12}、H_{21}、H_{22}，求 Y 参数。

解： H 参数方程为

$$\dot{U}_1 = H_{11}\dot{I}_1 + H_{12}\dot{U}_2$$
$$\dot{I}_2 = H_{21}\dot{I}_1 + H_{22}\dot{U}_2$$

整理，可得

$$\dot{I}_1 = \frac{1}{H_{11}}\dot{U}_1 - \frac{H_{12}}{H_{11}}\dot{U}_2$$

$$\dot{I}_2 = \frac{H_{21}}{H_{11}}\dot{U}_1 + \frac{H_{11}H_{22} - H_{12}H_{21}}{H_{11}}\dot{U}_2$$

令 $\Delta_H = H_{11}H_{22} - H_{12}H_{21}$，代入上式有

$$\dot{I}_2 = \frac{H_{21}}{H_{11}}\dot{U}_1 + \frac{\Delta_H}{H_{11}}\dot{U}_2$$

整理可得 Y 参数矩阵

$$Y = \begin{bmatrix} \dfrac{1}{H_{11}} & -\dfrac{H_{12}}{H_{11}} \\ \dfrac{H_{21}}{H_{11}} & \dfrac{\Delta_H}{H_{11}} \end{bmatrix}$$

按上述方法，可以求出各种参数之间的转换关系，结果见表 9-1。在表中可以看出，Z 参数矩阵与 Y 参数矩阵互为逆矩阵，即有 $Z=Y^{-1}$ 或 $Y=Z^{-1}$。

表 9-1　二端口网络参数之间的关系

待求参数＼已知参数	Z 参数	Y 参数	H 参数	T 参数
Z 参数	$Z_{11}\quad Z_{12}$ $Z_{21}\quad Z_{22}$	$\dfrac{Y_{22}}{\Delta_Y}\quad \dfrac{Y_{12}}{\Delta_Y}$ $-\dfrac{Y_{21}}{\Delta_R}\quad \dfrac{Y_{11}}{\Delta_R}$	$\dfrac{\Delta_H}{H_{12}}\quad \dfrac{H_{12}}{H_{22}}$ $-\dfrac{H_{21}}{H_{22}}\quad \dfrac{1}{H_{22}}$	$\dfrac{A}{C}\quad \dfrac{\Delta_R}{C}$ $\dfrac{1}{C}\quad \dfrac{D}{C}$
Y 参数	$\dfrac{Z_{22}}{\Delta_Z}\quad -\dfrac{Z_{12}}{\Delta_Z}$ $-\dfrac{Z_{21}}{\Delta_Z}\quad \dfrac{Z_{11}}{\Delta_Z}$	$Y_{11}\quad Y_{12}$ $Y_{21}\quad Y_{22}$	$\dfrac{1}{H_{11}}\quad -\dfrac{H_{12}}{H_{11}}$ $\dfrac{H_{21}}{H_{11}}\quad \dfrac{\Delta_H}{H_{11}}$	$\dfrac{D}{B}\quad -\dfrac{\Delta_T}{B}$ $-\dfrac{1}{B}\quad \dfrac{A}{B}$
H 参数	$\dfrac{\Delta_Z}{Z_{22}}\quad \dfrac{Z_{12}}{Z_{22}}$ $-\dfrac{Z_{21}}{Z_{22}}\quad \dfrac{1}{Z_{22}}$	$\dfrac{1}{Y_{11}}\quad -\dfrac{Y_{12}}{Y_{11}}$ $\dfrac{Y_{21}}{Y_{11}}\quad \dfrac{\Delta_R}{Y_{11}}$	$H_{11}\quad H_{12}$ $H_{21}\quad H_{22}$	$\dfrac{B}{D}\quad \dfrac{\Delta_T}{D}$ $-\dfrac{1}{D}\quad \dfrac{C}{D}$
T 参数	$\dfrac{Z_{11}}{Z_{21}}\quad \dfrac{\Delta_Z}{Z_{21}}$ $\dfrac{1}{Z_{21}}\quad \dfrac{Z_{22}}{Z_{21}}$	$-\dfrac{Y_{22}}{Y_{21}}\quad -\dfrac{1}{Y_{21}}$ $-\dfrac{\Delta_Y}{Y_{21}}\quad -\dfrac{Y_{11}}{Y_{21}}$	$-\dfrac{\Delta_H}{H_{21}}\quad -\dfrac{H_{11}}{H_{21}}$ $-\dfrac{H_{22}}{H_{21}}\quad -\dfrac{1}{H_{21}}$	$A\quad B$ $C\quad D$

注：$\Delta_Z=Z_{11}Z_{22}-Z_{12}Z_{21}$；$\Delta_Y=Y_{11}Y_{22}-Y_{12}Y_{21}$；$\Delta_H=H_{11}H_{22}-H_{12}H_{21}$；$\Delta_T=AD-BC$。

9.3　互易二端口网络的等效电路

互易二端口网络只有 3 个参数独立，其最简单的等值网络是由 3 个元件构成的 T 形网络和 π 形网络，如图 9-12 所示。

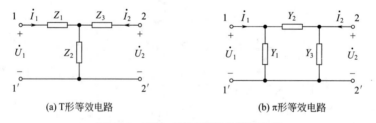

(a) T形等效电路　　　　　　　(b) π形等效电路

图 9-12　互易二端口网络的等效电路

1）互易二端口网络 T 形等效电路

对任意一个二端口网络，不管其内部电路如何复杂，如果知道了它的 Z 参数，且 Z 参数中只有 3 个参数是独立的，则可用如图 9-12（a）所示的 T 形电路等效替代，等效电路中的 Z_1、Z_2、Z_3 可由已知的 Z 参数确定。

为了求出 T 形网络中的阻抗与 Z 参数之间的关系，设想二端口网络端口分别接有两个

电压源，其等效电路如图 9-13 所示。由网孔法可得

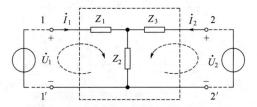

图 9-13　互易二端口网络 T 形等效电路

$$(Z_1+Z_2)\dot{I}_1+Z_2\dot{I}_2=\dot{U}_1$$

$$Z_2\dot{I}_1+(Z_2+Z_3)\dot{I}_2=\dot{U}_2$$

与 Z 参数方程比较后有

$$\begin{cases} Z_1+Z_2=Z_{11} \\ Z_2=Z_{12}=Z_{21} \\ Z_2+Z_3=Z_{22} \end{cases}$$

解上述方程组得

$$\begin{cases} Z_1=Z_{11}-Z_2 \\ Z_2=Z_{12}=Z_{21} \\ Z_3=Z_{22}-Z_2 \end{cases}$$

这就是 T 形等效电路中的阻抗与二端口网络 Z 参数之间的关系式。

若已知的是 Y 参数、T 参数，则可先将其转换成 Z 参数，再求 T 形等效电路。另外，在对称二端口网络中，有 $Z_{11}=Z_{22}$，则在 T 形等效电路中有 $Z_1=Z_3$。

2）π 形等效电路

如果已知互易二端口网络的 Y 参数，则可用如图 9-12（b）所示的 π 形电路等效替代，其导纳 Y_1、Y_2、Y_3 可由已知的 Y 参数确定。

设二端口网络端口分别接有两个电流源，其大小分别为 $\dot{I}_1$、$\dot{I}_2$，其等效电路如图 9-14 所示。由节点电压法可得

$$(Y_1+Y_2)\dot{U}_1-Y_2\dot{U}_2=\dot{I}_1$$

$$-Y_2\dot{U}_1+(Y_2+Y_3)\dot{U}_2=\dot{I}_2$$

与 Y 参数方程比较后有

$$\begin{cases} Y_1+Y_2=Y_{11} \\ -Y_2=Y_{12}=Y_{21} \\ Y_2+Y_3=Y_{22} \end{cases}$$

解上述方程组得

$$\begin{cases} Y_1=Y_{11}+Y_{12} \\ Y_2=-Y_{12}=-Y_{21} \\ Y_3=Y_{22}+Z_{21} \end{cases} \tag{9-10}$$

这就是 π 形等效电路中的导纳与二端口网络 Y 参数之间的关系式。

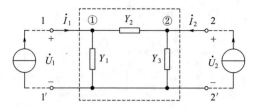

图 9-14 互易二端口网络 π 形等效电路

本章小结

1. 二端口网络端口条件

对二端口网络来说，在同一端口上流入的电流等于从另一端流出的电流，不满足这一条件，则称为四端口网络。

2. 二端口网络的参数方程

二端口网络端口变量为 $\dot{U}_1$、$\dot{I}_1$、$\dot{U}_2$、$\dot{I}_2$，常用描述它们之间关系的参数方程有 4 种，即

Z 参数方程：$\begin{bmatrix} \dot{U}_1 \\ \dot{U}_2 \end{bmatrix} = \begin{bmatrix} Z_{11} & Z_{12} \\ Z_{21} & Z_{22} \end{bmatrix} \begin{bmatrix} \dot{I}_1 \\ \dot{I}_2 \end{bmatrix}$

Y 参数方程：$\begin{bmatrix} \dot{I}_1 \\ \dot{I}_2 \end{bmatrix} = \begin{bmatrix} Y_{11} & Y_{12} \\ Y_{21} & Y_{22} \end{bmatrix} \begin{bmatrix} \dot{U}_1 \\ \dot{U}_2 \end{bmatrix}$

H 参数方程：$\begin{bmatrix} \dot{U}_1 \\ \dot{I}_2 \end{bmatrix} = \begin{bmatrix} H_{11} & H_{12} \\ H_{21} & H_{22} \end{bmatrix} \begin{bmatrix} \dot{I}_1 \\ \dot{U}_2 \end{bmatrix}$

T 参数方程：$\begin{bmatrix} \dot{U}_1 \\ \dot{I}_1 \end{bmatrix} = \begin{bmatrix} A & B \\ C & D \end{bmatrix} \begin{bmatrix} \dot{U}_2 \\ -\dot{I}_2 \end{bmatrix}$

上述参数方程中的系数矩阵分别是 Z 参数、Y 参数、H 参数和 T 参数矩阵。一般来说，每一参数矩阵中的 4 个元素各不相同，其值由二端口网络中的元件参数、结构及工作频率所决定，而与激励、负载无关，都可用来描述二端口网络本身的特性。当二端口网络具有互易性时，参数矩阵中只有 3 个元素是独立的；当二端口网络具有对称性时，参数矩阵中只有两个元素是独立的。

3. 二端口网络参数之间的关系

当已知二端口网络的某种参数后（如 H 参数），则可将该参数方程改写成另一种参数方程的形式（如 Y 参数），然后将改写后的方程与基本方程（如 Y 参数方程）进行比较，便可求出两种参数之间的关系。

4. 二端口网络的等效电路

在已知 Z 参数的情况下，如果是互易二端口网络，则可将其等效为由 3 个阻抗元件构成的 T 形网络。

在已知 Y 参数的情况下，如果是互易二端口网络，则可将其等效为由 3 个导纳元件构

成的 π 形网络。

9-1 求如图 9-15（a）所示二端口电路的 Y 参数矩阵，以及图 9-15（b）所示二端口的 Z 参数矩阵。

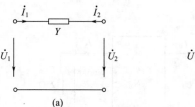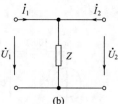

图 9-15 习题 9-1 图

9-2 求如图 9-16 所示二端口网络的 Y 参数矩阵。

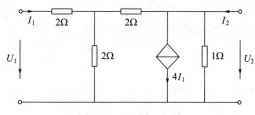

图 9-16 习题 9-2 图

9-3 求如图 9-17 所示回转器的 T 参数矩阵。

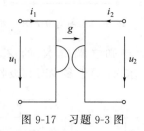

图 9-17 习题 9-3 图

9-4 在如图 9-18 所示的二端口网络中，设子二端口网络 N_1 的传输参数矩阵为 $\begin{bmatrix} A & B \\ C & D \end{bmatrix}$，求复合二端口网络的传输参数矩阵。

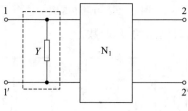

图 9-18 习题 9-4 图

9-5 求如图 9-19 所示二端口网络的 Y 参数矩阵。

9-6 如图 9-20 所示，已知二端口网络的 Z 参数分别为 $Z_{11} = 10\Omega$，$Z_{12} = 15\Omega$，$Z_{21} =$

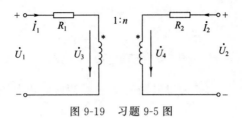

图 9-19 习题 9-5 图

5Ω，$Z_{22}=20\Omega$，求 U_2/U_s。

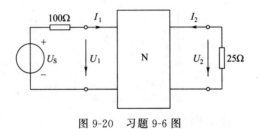

图 9-20 习题 9-6 图

9-7 如图 9-21，已知某二端口的 Y 参数矩阵为 $Y=\begin{bmatrix} 5 & -2 \\ -2 & 3 \end{bmatrix} S$，求其 π 形等效电路中的 Y_1、Y_2、Y_3。

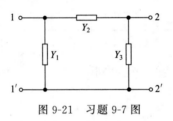

图 9-21 习题 9-7 图

9-8 如图 9-22 所示电路中，已知二端口 N_S 的 Z 参数分别为 $Z_{11}=100\Omega$，$Z_{12}=-500\Omega$，$Z_{21}=10^3\Omega$，$Z_{22}=10\Omega$，求 Z_L 等于多少时其吸收功率最大。

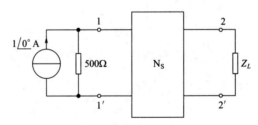

图 9-22 习题 9-8 图

9-9 求如图 9-23 所示二端口网络的 T 参数。

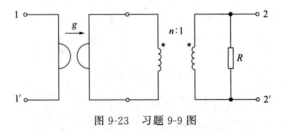

图 9-23 习题 9-9 图

9-10 电路如图 9-24 所示，求：用 H 参数表示的双端接二端口电压转移函数 $\dfrac{\dot{U}_2}{\dot{U}_s}$。

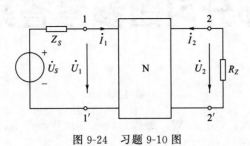

图 9-24 习题 9-10 图

部分习题参考答案

第1章

1-1　(a) 10W，吸收；(b) 10W，吸收；(c) −10W，产生；(d) −10W，产生

1-2　(a) −1A；(b) −10V；(c) −1A；(d) −4mW

1-3　(a) 6V；(b) 2V

1-4　0.4A

1-5　(1) 2V；(2) $P_{IS}=5W$，吸收，$P_{US}=-17.5W$，产生

1-6　(1) 2A，5A；(2) $P_{US}=-15W$，$P_{IS}=0W$，$P_1=9W$，$P_{1.5}=6W$

1-7　S断开 20V；S闭合 −2.4V

1-8　S断开：$V_a=2V$，$V_b=-9.5V$，$V_c=0.5V$；S闭合 $V_a=1.57V$，$V_b=-9.6V$，$V_c=0V$

1-9　$-5V$，$\dfrac{10}{3}\Omega$；66V，10

1-10　$R=0.25\Omega$；$R=3\Omega$ 时 $I_1=0$

1-11　(a) 3Ω；(b) 1V

1-12　$-14.3V$

第2章

2-1　不可以；15W白炽灯的电压 275.7V。

2-2　1V

2-3　$i_{ab}=-\dfrac{1}{3}A$

2-4　9Ω，5Ω

2-5　6.5Ω，1.5Ω

2-6　$R_{ab}=R/7$，$R_{ab}=\dfrac{3}{2}R$

2-9　18W

2-10　$-3A$

2-11　$\dfrac{2}{5}A$，$\dfrac{3}{5}A$，$\dfrac{4}{5}A$，$-\dfrac{1}{5}A$

2-12　$i_1=-1A$，$i_2=2A$，$i_3=4A$

2-14　$\dfrac{2}{3}A$，0A，$-\dfrac{2}{3}A$，$\dfrac{1}{3}A$，$\dfrac{1}{3}A$，$\dfrac{4}{3}V$

2-16　3A，1A，4A

2-17　$\dfrac{2}{5}A$，$\dfrac{3}{5}A$，$\dfrac{4}{5}A$，$-\dfrac{1}{5}A$

2-18 0A

第 3 章

3-1 $U=10\text{V}$

3-2 $U=16\text{V}$，$I=4\text{A}$

3-3 $I=0.1667\text{A}$

3-4 $I=1.5\text{A}$

3-9 $I=0.1667\text{A}$

3-10 $R_\text{L}=2\text{k}\Omega$，$P_\text{max}=(9/8)\text{ mW}$

3-11 $R_\text{L}=57\Omega$，$P_\text{max}=0.16\text{W}$

3-12 $R_\text{L}=22\Omega$，$P_\text{max}=22\text{W}$

3-13 $R_\text{L}=6\Omega$，$P_\text{max}=6\text{W}$

3-14 $i=4\text{A}$

第 4 章

4-5 $i_1=5\sqrt{2}\sin(314t+90°)\text{ A}$；$i_2=6\sin(314t-45°)\text{ A}$；$u=220\sqrt{2}\sin(314t)\text{ V}$

4-6 （a）$5\sqrt{2}\text{A}$，（b）5A

4-7 $R=20\Omega$，$L=1.19\text{mH}$

4-8 $C=7.2\mu\text{F}$，$I=5\text{A}$

4-9 $R=36.31\Omega$，$L=0.21\text{H}$，$C=31.85\mu\text{F}$

4-10 $\dot{I}=10\sqrt{2}\,\text{e}^{\text{j}45°}\text{A}$；$\dot{U}_\text{S}=100\text{V}$

4-11 $\dot{I}_1=2\text{e}^{-\text{j}36.9°}\text{A}$；$\dot{I}_2=1\text{e}^{-\text{j}53.1°}\text{A}$

4-12 （1）$Z=33.54\Omega$， （2）$\dot{I}=0.298\text{e}^{-\text{j}26.5°}\text{A}$，$\dot{U}_R=8.94\text{e}^{-\text{j}26.5°}\text{V}$、$\dot{U}_L=11.92\text{e}^{\text{j}63.5°}\text{V}$、$\dot{U}_C=4.47\text{e}^{-\text{j}116.5°}\text{V}$

4-13 （1）$\dot{U}=28.2\text{e}^{\text{j}75°}\text{V}$；（2）$\cos\phi=0.707$；（3）$P=39.87\text{W}$，$Q=39.87\text{var}$，$S=56.4\text{V}\cdot\text{A}$

4-14 $I=13.4\text{A}$；$I_1=20\text{A}$；$I_2=10\text{A}$；$\lambda_1=0.6$；$\lambda=0.9$

4-15 $\cos\varphi=0.8$，$R=8\Omega$，$L=2\text{mH}$

4-16 $R=5\sqrt{2}\,\Omega$，$X_L=2.5\sqrt{2}\,\Omega$，$X_C=5\sqrt{2}\,\Omega$

第 5 章

5-1 $\dot{U}_\text{U}=220\ \underline{/-90°}\ \text{V}$

5-3 U 相接反了

5-4 星形连接 $I_\text{p}=4.4\text{A}$ 和 $I_\text{L}=4.4\text{A}$；三角形连接 $I_\text{p}=7.6\text{A}$ 和 $I_\text{L}=13.16\text{A}$

5-6 有中性线时：$\dot{I}_\text{U}=22\ \underline{/-30°}\ \text{A}$，$\dot{I}_\text{V}=22\ \underline{/120°}\ \text{A}$，$\dot{I}_\text{W}=22\ \underline{/180°}\ \text{A}$，$\dot{I}_\text{N}=16.105\ \underline{/150°}\ \text{A}$；无中性线时 $\dot{U}_{\text{N'N}}=(-139.474+\text{j}80.526)\text{ V}$，$\dot{I}_\text{U}=38.105\ \underline{/-30°}\ \text{A}$，$\dot{I}_\text{V}=19.725\ \underline{/165°}\ \text{A}$，$\dot{I}_\text{W}=19.725\ \underline{/160°}\ \text{A}$

5-7　202.2$\underline{/29.2^\circ}$ V，202.2$\underline{/-90.8^\circ}$ V，202.2$\underline{/149.2^\circ}$ V

5-8　$i_U=55.11\sin(\omega t-45^\circ)$ A，$i_V=55.11\sin(\omega t-165^\circ)$ A，$i_W=55.11\sin(\omega t+75^\circ)$ A

5-9 电流表的读数分别为 5.774A，10A，5.774A

5-10　$U_{\Delta L}=323.86$V，$I_{\Delta L}=25.93$A，$P=2550.2$W

5-11　$\cos\varphi=0.819$，$P=2.695$kW

5-12　（1）$I_L=11$A，$P=4343.994$W；　（2）$I_L=32.909$A，$I_P=19$A；$P=12996.045$W；（3）$I_{P\triangle}=\sqrt{3}I_{PY}$，$I_{L\triangle}=3I_{LY}$，$P_\Delta=3P_Y$

5-13　$Z_Y=(3.62+j2.09)$ Ω，$Z_\Delta=3Z_Y$

5-14　$4000\sqrt{3}$ var

第6章

6-1　$u_C(0_+)=20$V，$i_1(0_+)=5$mA，$i_C(0_+)=5$mA

6-2　$u_L(0_+)=-8$V

6-3　$u_C(0_+)=0$V，$i_1(0_+)=0$A，$i_2(0_+)=1$A，$u_1(0_+)=0$V，$u_2(0_+)=60$V，$u_L(0_+)=60$V

6-4　-1A，900A/s

6-5　$\tau=\left(R_3+\dfrac{R_1\times R_2}{R_1+R_2}\right)C$

6-6　0.375s

6-7　$u_C=(8+2e^{-125t})$ V

6-8　$u_L=-50e^{-100t}$ V　$(t\geqslant0)$

6-9　$u_C=(5-15e^{-10t})$ V $(t\geqslant0)$，$i_C=1.5e^{-10t}$ mA $(t\geqslant0)$

6-10　$i_L=\left(-\dfrac{2}{3}-\dfrac{1}{3}e^{-9t}\right)$A $(t\geqslant0)$

6-11　$0\leqslant t\leqslant1$s 时，$i_L=(1-e^{-\frac{t}{6}})$ A，$u_L=0.933e^{-\frac{t}{6}}$V；

　　　　$1\leqslant t\leqslant2$s 时，$i_L=(2-1.846e^{-\frac{t-1}{6}})$ A，$u_L=1.538e^{-\frac{t-1}{6}}$V；

　　　　$t\geqslant2$s 时，$i_L=0.438e^{-\frac{t-2}{6}}$A，$u_L=0.365e^{-\frac{t-2}{6}}$V。

第7章

7-1　30Ω，50Ω

7-2　$u(t)=5-\dfrac{10}{\pi}\sin\omega t-\dfrac{10}{2\pi}\sin2\omega t-\dfrac{10}{3\pi}\sin3\omega t-\dfrac{10}{4\pi}\sin4\omega t$ （V）；

直流分量为 15V、基波为 $-3.18\sin\omega t$、二次谐波为 $-1.59\sin2\omega t$

7-3　140.71V

7-4　228.8W

7-5　（1）$i(t)=[4.68\sin(\omega t+129.4^\circ)+3\sin(3\omega t)]$A，3.93A；（2）92.7W

7-6　$i_C=9.5\sin(10t+5.71^\circ)$A，$i_R=[10+0.995\sin(10t-84.29^\circ)]$A

7-7　2.15A，2.22A，13.45V，39.3W

7-8　$R=10$Ω，$L=0.03$H，$C=371\mu$F；$\varphi=66.4^\circ$；$P=540.24$W

7-9　$u_o = [20 + 30.3\sin(\omega t - 72.3°) + 7.4\sin(3\omega t - 83.9°)]\text{V}$

7-10　$L_1 = 1\text{H}$；$L_2 = 66.7\text{mH}$

7-11　$P_{R_1} = 2.29\text{W}$，$P_{R_1} = 0.093\text{W}$；$P_S = 2.38\text{W}$

第 8 章

8-1　(1) 4H；(2) 0.75；(3) $L_顺 = 18\text{H}$，$L_反 = 2\text{H}$；(4) $L_顺 = 14\text{H}$，$L_反 = 6\text{H}$

8-2　(a) B、C；(b) A、C；(c) A、D；C、E；A、E

8-3　(a) $u_1 = -L_1\dfrac{\mathrm{d}i_1}{\mathrm{d}t} + M\dfrac{\mathrm{d}i_2}{\mathrm{d}t}$　$u_2 = -L_2\dfrac{\mathrm{d}i_2}{\mathrm{d}t} + M\dfrac{\mathrm{d}i_1}{\mathrm{d}t}$

(b) $u_1 = L_1\dfrac{\mathrm{d}i_1}{\mathrm{d}t} + M\dfrac{\mathrm{d}i_2}{\mathrm{d}t}$　$u_2 = -L_2\dfrac{\mathrm{d}i_2}{\mathrm{d}t} - M\dfrac{\mathrm{d}i_1}{\mathrm{d}t}$

(c) $u_1 = L_1\dfrac{\mathrm{d}i_1}{\mathrm{d}t} + M\dfrac{\mathrm{d}i_2}{\mathrm{d}t}$　$u_2 = L_2\dfrac{\mathrm{d}i_2}{\mathrm{d}t} + M\dfrac{\mathrm{d}i_1}{\mathrm{d}t}$

8-4　0.0338H

8-5　$u(t) = 12\sin(3t + 90°)\text{V}$

8-6　(a) $Z = \mathrm{j}1.5\Omega$；(b) $Z = -\mathrm{j}1\Omega$；

8-8　$C = 33.33\mu\text{F}$；$P = 100\text{W}$

8-9　$u = 40\sin(2t + 45°)\text{V}$

8-10　$\dot{I}_1 = \dot{I}_2 = \sqrt{2}\underline{/-45°}\text{A}$，$\dot{I}_C = 0$，$\dot{U}_{L1} = 70.71\underline{/45°}\text{V}$

8-11　25Ω，6.25W

8-12　15.6V；24.3W

8-13　$\sqrt{5}$；0.125W

8-14　$R = 5.4\Omega$；$P_{\max} = 580.74\text{W}$

8-15　$\dot{I} = 4.78\underline{/43.5°}\text{A}$

第 9 章

9-1　$Y = \begin{bmatrix} Y & -Y \\ -Y & Y \end{bmatrix}$，$Z = \begin{bmatrix} Z & Z \\ Z & Z \end{bmatrix}$

9-2　$Y = \begin{bmatrix} 1/3 & -1/6 \\ 7/6 & 2/3 \end{bmatrix}$

9-3　$T = \begin{bmatrix} 0 & 1/g \\ g & 0 \end{bmatrix}$

9-4　$\begin{bmatrix} A & B \\ AY+C & BY+D \end{bmatrix}$

9-5　$\begin{bmatrix} n^2/n^2R_1+R_2 & -n/n^2R_1+R_2 \\ -n/n^2R_1+R_2 & 1/n^2R_1+R_2 \end{bmatrix}$

9-6　$\dfrac{U_2}{U_S} = \dfrac{1}{39}$

9-7　$Y_1 = 3S$，$Y_2 = 2S$，$Y_3 = 1S$

9-8　$Z_L = \dfrac{2530}{3}\Omega$

9-9　$T = \begin{bmatrix} 1/(ngR) & 1/(ng) \\ ng & 0 \end{bmatrix}$

9-10　$\dfrac{\dot{U}_2}{\dot{U}_S} = \dfrac{H_{21}}{H_{12}H_{21} - \left(\dfrac{1}{R_Z} + H_{22}\right)(Z_s + H_{11})}$

参考文献

［1］邱关源，罗先觉．电路［M］．5 版．北京：高等教育出版社，2006.

［2］左全生．电路分析教材［M］．2 版.北京：电子工业出版社，2010.

［3］于宝琦，孙禾，于桂君．电路分析基础［M］．北京：化学工业出版社，2015.

［4］王慧玲．电路基础［M］．北京：高等教育出版社，2004.

［5］曾令琴．电路分析基础［M］．3 版．北京：人民邮电出版社，2012.

［6］刘源．电路分析［M］．北京：电子工业出版社，2006.

［7］江路明．电路分析与应用［M］．北京：高等教育出版社，2015.

［8］林平勇，高嵩．电工电子基础［M］．4 版．北京：高等教育出版社，2016.